(a) 方向不　　　(b) 彩色自然图像　(c) 颜色不同
同的图像小块　　　　　　　　　　　的图像小块

图 1-3　彩色图像的非局部自相似性

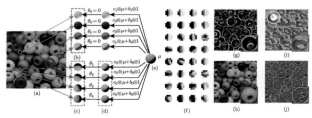

图 3-1　颜色与方向不变非局部自相似性（CDI-NSS）(a) 一幅颜色
与结构丰富的彩色自然图像；(b) 颜色不同但形状与方向相
似的图像小块；(c) 方向不同但形状与颜色相似的图像小块；
(d) 经过角度调整的图像块；(e) 上述图像小块的本质结构
块；(f) 所提出的方法从图像 (a) 中提取出来的本质结构块；
(g) 图像所有图像块的颜色向量 c 的可视化（$H \times W$ 个
3×1 向量），其中每个图像块的 c 的三个元素分别作为 R、
G、B 三个通道可视化，c 在图 (g) 的像素位置即其对应图
像块的中心的像素位置；(h) 图像所有图像块的颜色向量 b
的可视化，可视化方式与 (g) 图相似；(i) 所提出的方法估
计的所有图像块旋转角度组成的张量（$\theta \in \mathbf{R}^{H \times W}$）可视化，
其中，左上角的色环表示颜色与角度的关系；(j) 所提出的方
法对所有图像块聚类结果的可视化，其中不同颜色代表不同的
类标签

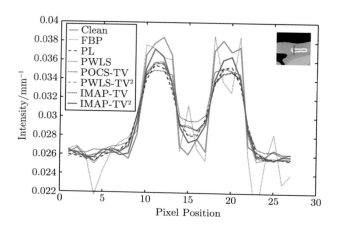

图 4-5　无噪声图像的垂直剖面和 **7** 种方法在 **XCAT** 数据 **20 mAs** 剂量下的恢复结果的垂直剖面。垂直剖面位于 $x=245$, $y \in [150, 180]$ 像素位置，如图 4-3(a) 所标记

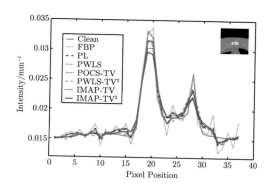

图 4-7　无噪声图像的垂直剖面和 **7** 种方法在 **XCAT** 数据 **17 mAs** 剂量下的恢复结果的垂直剖面。垂直剖面位于 $x = 240$, $y \in [160—195]$ 像素位置，如图 4-3(b) 所标记

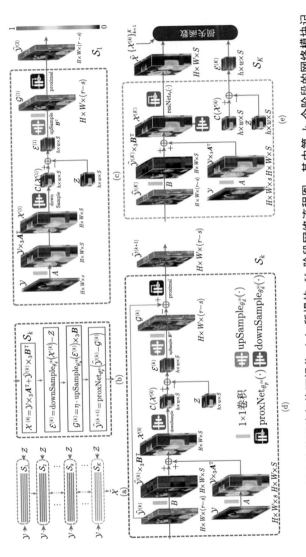

图 5-4 所提方法的网络架构可视化 (a) 所提的 K 阶段网络流程图，其中第 k 个阶段的网络模块记为 $\mathcal{S}_k(k=1,2,\cdots,K)$；(b) 第 k $(k<K)$ 个阶段的细节流程图；(c)—(e) 第一、第 k $(1<k<K)$ 个阶段和最后阶段的网络模块示意图。其中，当 $\hat{\mathcal{Y}}^{(k)}=0$ 时，$\mathcal{S}_k$ 与第一个阶段 $\mathcal{S}_1$ 等价

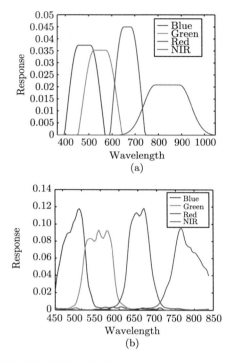

图 5-15 实验所用光谱响应实例 (a) CASI-Houston 数据随机生成的光谱响应例子；(b) ROSIS-Pavia 数据上的真实光谱响应

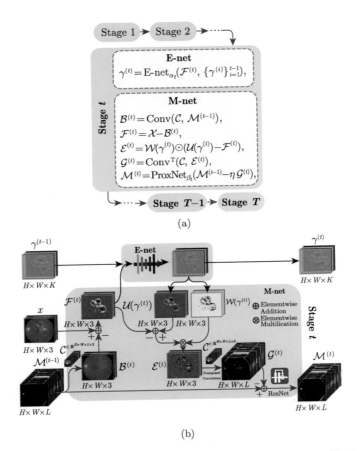

(a)

(b)

图 6-2 所提的 **EM-net** 网络结构 (a) 所提出的 **EM-net** 展示，
其 K 个阶段对应到算法的 K 个迭代步；(b) **EM-net**
第 k 个阶段的网络结构

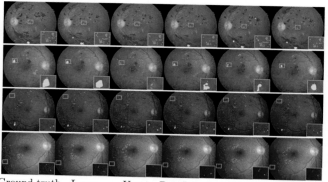

Ground truth　L-seg　　　U-net　DeepLabv3+　CE-net　　EM-net

图 6-3　IDRiD 数据中 4 个样本上的 5 个对比方法的实验结果展示，其中浅蓝色、深蓝色、绿色、黄色分别代表 MA、HE、EX 和 SE 的分割结果

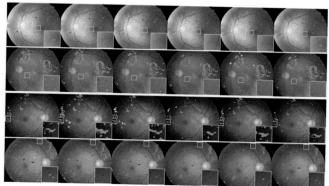

Ground truth　L-seg　　　U-net　DeepLabv3+　CE-net　　　EM-net

图 6-4　DDR 数据中 4 个样本上的 5 个对比方法的实验结果展示，其中浅蓝色、深蓝色、绿色、黄色分别代表 MA、HE、EX 和 SE 的分割结果

CCF优博丛书

图像数据先验的
数学建模及其应用

Mathematical Modeling for
Prior Knowledge in Image Data

谢琦———著

机械工业出版社
CHINA MACHINE PRESS

图像数据先验的数学建模是非常经典的图像先验的利用方法。它不仅反映了人们想了解事物背后原理的渴望，也是诸多对可靠性与稳健性有高要求的实际应用的需求。本书展示了几种典型图像处理与分析场景下的先验建模方法，既涉及无监督学习框架，也涉及有监督学习框架，相信能够对领域的发展有一定的助力，同时也能给读者带来新的启发。

　　本书适合数学类、计算机类专业高年级本科生和研究生阅读，也适合具备相关数学、编程基础的研究、开发人员阅读，亦可为数字人文领域的学者提供一定的参考和借鉴。

图书在版编目（CIP）数据

图像数据先验的数学建模及其应用 / 谢琦著. —北京：机械工业出版社，2024.4

（CCF优博丛书）

ISBN 978-7-111-75534-0

Ⅰ. ①图… Ⅱ. ①谢… Ⅲ. ①图像处理 Ⅳ. ①TN911.73

中国国家版本馆 CIP 数据核字（2024）第 068901 号

机械工业出版社（北京市百万庄大街 22 号　邮政编码 100037）
策划编辑：梁　伟　　　　　　　　责任编辑：梁　伟　韩　飞
责任校对：张婉茹　丁梦卓　闫　焱　封面设计：鞠　杨
责任印制：郜　敏
北京富资园科技发展有限公司印刷
2024 年 8 月第 1 版第 1 次印刷
148mm×210mm · 8.375 印张 · 3 插页 · 159 千字
标准书号：ISBN 978-7-111-75534-0
定价：79.00 元

电话服务　　　　　　　　网络服务
客服电话：010-88361066　　机　工　官　网：www.cmpbook.com
　　　　　010-88379833　　机　工　官　博：weibo.com/cmp1952
　　　　　010-68326294　　金　书　网：www.golden-book.com
封底无防伪标均为盗版　　　机工教育服务网：www.cmpedu.com

CCF 优博丛书编委会

博士研究生教育是教育的最高层级，是一个国家高层次人才培养的主渠道。博士学位论文是青年学子在其人生求学阶段，经历"昨夜西风凋碧树，独上高楼，望尽天涯路"和"衣带渐宽终不悔，为伊消得人憔悴"之后的学术巅峰之作。因此，一般来说，博士学位论文都在其所研究的学术前沿点上有所创新、有所突破，为拓展人类的认知和知识边界做出了贡献。博士学位论文应该是同行学术研究者的必读文献。

为推动我国计算机领域的科技进步，激励计算机学科博士研究生潜心钻研，务实创新，解决计算机科学技术中的难点问题，表彰做出优秀成果的青年学者，培育计算机领域的顶级创新人才，中国计算机学会 (CCF) 于 2006 年决定设立"中国计算机学会优秀博士学位论文奖"，每年评选出不超过 10 篇计算机学科优秀博士学位论文。截至 2021 年，已有 145 位青年学者获得该奖。他们走上工作岗位以后均做出了显著的科技或产业贡献，有的获国家科技大奖，有的获评国际高被引学者，有的研发出高端产品，大都成为计算机领域国内国际知名学者、一方学术带头人或有影响力的企业家。

博士学位论文的整体质量体现了一个国家相关领域的科技发展程度和高等教育水平。为了更好地展示我国计算机学科博士研究生教育取得的成效，推广博士研究生的科研成果，加强高端学术交流，中国计算机学会于 2020 年委托机械工业出版社以"CCF 优博丛书"的形式，陆续选择自 2006 年以来的部分优秀博士学位论文全文出版，并以此庆祝中国计算机学会建会 60 周年。这是中国计算机学会又一引人瞩目的创举，也是一项令人称道的善举。

希望我国计算机领域的广大研究生向该丛书的学长作者们学习，树立献身科学的理想和信念，塑造"六经责我开生面"的精神气度，砥砺探索，锐意创新，不断摘取科学技术明珠，为国家做出重大科技贡献。

谨此为序。

中国工程院院士

2022 年 4 月 30 日

谢琦是徐宗本院士的博士，我的博士后，自 2013 年入组以来，我们始终一起努力研究机器学习基础方法。可以说，我见证并经历了谢琦博士在学术道路上的成长。此次谢琦能够获得 CCF 优博的荣誉，无论对他还是对我们小组，都是极大的鼓励，衷心感谢中国计算机学会的支持与肯定。

事实上，迄今为止，谢琦仅发表了 5 篇第一作者的期刊论文，并不算十分高产。但令我非常钦佩的是，每篇论文背后都是谢琦巨大的时间和精力的付出，而正因如此，这些论文篇篇高质量，篇篇具有独特的研究视角。借此作序之机，我想谈一谈在这些成果产生的过程中，谢琦所体现出的一些可贵的科研能力与品质，对我而言，这些都是弥足珍贵的经历与回忆。

能力"全"。谢琦刚入组时，在徐老师的支持和指导下，我们尝试给他制定了"张量稀疏性度量"这一课题。回过头来看，这一方法的思想创新相比谢琦的后续工作，还是有一定的差距的。但谢琦在推进这一课题的过程中，体现出了他极其扎实的理论与实践功底。他不仅构建了合理的模型与算法，推演出了完善的方法收敛性结论，而且在三个不同的张量应用任务上，都把算法性能做到了 SOTA(State Of The Art，目前最高水平)，在我看来，算法性能几乎已经发挥到了极致。相关论文也得到了 *IEEE Transactions on Pattern Analysis and Machine Intelligence* (*TPAMI*) 审稿人的极大肯定，特别是其工作的综合性与理论应用的贯通性方面。

研究"专"。在完成这个工作之后，徐老师创造机会，让谢琦在普林斯顿大学做一年的学术访问，以提升其研究水平。在此期间，受到一篇审稿论文的启发，谢琦开始着手开发一种针对光谱融合问题的新型深度网络构建方法。在此之前，谢琦从未有过深度学习研究的经验，而身处异地，在周围少有合作者讨论的前提下，他开始深入钻研深度学习技术。经过近一年的艰苦探索，谢琦对此类问题有了深刻而独到的理解，终于成功构建了针对此项任务的模型数据双驱动网络，算法性能显著超过了当时此类任务所有的 SOTA 方法。论文后续不仅顺利被 *TPAMI* 采用，其完善的思想还启发我们小组在此方法论上产生了一批优秀工作成果。相关算法也已在一些实际问题中产生应用价值。

动机"纯"。谢琦在毕业前夕，开始关注参数化卷积方向的研究工作。事实上，此时他完全可以在之前研发的方法论基础上，较容易地发表有增量创新的论文，为未来的职业生涯积累一些指标性的成果。但谢琦仍一如既往地将时间与精力投入到自己感兴趣的、更具挑战性的创新方向上。他花费了大概一年的时间，终于将参数化卷积方法论做到了预期的效果，成果最终顺利发表在 *TPAMI* 上。我曾经与他讨论未来申报优青的话题，他很疑惑优青为何物。在我看来，正是这种不计名利、纯粹自然、忘我投入的学术态度，才使他做出这些思想深刻的方法论。

人品"正"。谢琦毕业之后，开始带领我和徐老师的一些硕博研究生开展他所研发的方法论的延伸性工作。在此期间，谢琦总是无私地与同学们讨论，帮助他们成长，甚至手把手地替师弟师妹们调代码、推公式，从不计较个人得失，事事替他人着想。正由于他这种正直的人品，他所带领的小团队可谓众志成城，一路攻坚克难，在短短 2 年时间里，完成了动态雨图生成和旋转等变隐正则、CT 图去伪影重建和尺度-旋转等变血管分割等一批高质量成果，他们一起得到了快速的成长。

"全"能承责，"专"能攻坚，"纯"能生慧，"正"能建业。相对当前那些略有浮躁的研究风气，谢琦更像是一股清流。相信此次荣誉能够激励他坚持自我，继续砥砺前行，未来做出更加本质的原创性方法论成果，为领域发展做出贡献。我对此充满期待！

孟德宇

西安交通大学数学与统计学院

2023 年 2 月 26 日

在图像处理研究中，如何建模和利用图像的先验结构一直是世界各国学者十分感兴趣的基础性问题。许多图像处理问题往往呈现出典型的病态和欠定特性，只有充分结合图像结构特征的先验知识，才能取得令人满意的结果。一般而言，图像先验知识的利用方法主要有两种，一种是通过事先收集的标注数据进行自动化学习，另一种则是将人们对图像的结构特征认识建模为显式的优化函数或者学习机结构。

随着深度学习的发展、算力的提升和训练数据集规模的增加，近年的研究热点主要集中于上述第一种图像先验知识的利用方式。各式各样的深度学习模型与新数据集相继被提出，极大地推动了相关研究的进步，越来越多的学者开始投入到这个方向中。与之相应的是，图像数据先验的数学建模方法由于学习门槛与数学基础要求较高，仍然没有得到充分的关注。

然而，图像先验的数学建模仍然具有十分重要的意义。它不仅能够发展与验证人类对图像结构的形式化理解，更是解决高复杂度学习模型泛化性与可靠性不足的一个重要途径，对图像处理在医学、遥感、自动驾驶等高可靠性要求领域的落地应用尤为重要。

谢琦博士在《图像数据先验的数学建模及其应用》中，充分发挥了其在数学理论分析方面的长处，展示了一系列复杂场景下对图像先验进行建模与利用的实际案例，既包含传统无监督方法案例，也包含深度学习方法案例。书中创新性地提出一系列新型建模工具，相信能够对领域的发展有一定的推动作用，同时也能给读者带来新的启发。

我期待书中所提方法与当前主流的深度网络架构和学习范式能有更进一步的结合，在将来取得进一步的突破，产生由我国学者提出并对整个领域产生广泛影响的研究成果。例如，当前深度网络的层级结构与传统模型的迭代求解过程究竟有多强的对应关系，能否为网络结构和设计提供更准确的指导？当代基于卷积网络的深度学习方法主要利用了卷积算子来刻画图像的平移不变性，那么，能否设计嵌入旋转不变性、放缩不变性、亮度变化不变性、颜色变化不变性等更多图像基础属性的算子以进一步提升学习机的性能与稳健性？如果能回答这些问题，那么图像数据先验的数学建模方法将为相关领域带来更为广泛而深远的影响。

左旺孟

哈尔滨工业大学计算学部

2023 年 2 月 14 日

　　图像处理与分析一直是信息科学中十分热门的研究方向。显然，除了实际应用的驱动之外，图像数据直观可感的属性也是它引起广泛研究兴趣的重要原因。然而"直观"并不意味着简单，"可感"也不意味着容易理解。人类本身拥有强大的视觉处理能力，能够快速进行图像内容的处理与分析。但对这一过程背后的具体原理，人们却知之有限。换言之，人们对图像数据的大部分理解仍处于说不清道不明的阶段，知其然而不知其所以然。

　　数学建模是把问题形式化与数学化的过程，一个问题只有形式化了才能被计算机处理。笼统地说，数学建模的过程即代表了对数据和问题的理解过程，模型的精确程度即代表了理解的充分程度。甚至可以说建模是描述规律最好的语言。虽然，当代的很多机器学习方法可以依赖高复杂度（低设计精度）的学习模型与海量数据进行，但是人们对精确模型的需求依然存在。它不仅反映了人们想了解事物背后原理的渴望，也是诸多对可靠性与稳健性要求很高的实际应用的需求。因此，图像数据数学建模研究在当前图像处理与分析领域仍有很重要的意义。

　　谢琦由我校数学拔尖班保送至我名下攻读博士学位，

他在读博期间充分锻炼了创新能力、推演能力和实验能力。作为一名研究人员，他已经具备很强的钻研精神和研究能力，有灵活的数学建模能力和扎实的数学理论功底。他在本书的研究内容深入细微又不失灵性，虽仍略显"青涩"，但在不同的应用场景下提供了一些有趣又实用的数学建模案例，展示了应用数学与信息科学的一种有效结合方式，相信能给读者带来新的启发。

徐宗本

西安交通大学数学与统计学院

摘　要

　　随着信息获取与处理技术的飞速发展，图像数据处理与分析技术已经与人类生活息息相关。在这个过程中，图像结构的数学表示与建模发挥着十分重要的作用。现阶段，对灰度图像的二维空间结构的建模已有较多研究，然而不同场景下的图像数据往往有着较大的差异，现有的建模方法并不能满足不同场景的特异化需求。因此，在针对特定场景构建图像数据模型时，合理应用场景独特的领域知识有着十分重要的意义。

　　本书主要研究几种典型图像处理与分析场景下的领域知识建模方法，既涉及无监督学习框架，也涉及有监督学习框架。其中，无监督学习的场景包括高维数据的稀疏性建模、彩色图像非局部自相似性建模以及低剂量 CT 弦图噪声建模三个应用，有监督学习的场景包括高光谱图像融合和眼底视网膜病灶检测两个应用。所取得的主要成果包括⊖：

　　（1）提出了一种新型的高阶稀疏性度量。目前，张量（高阶数组）数据的合理稀疏性度量构造仍未形成统一的

⊖　本研究得到国家自然科学基金（编号：11690011、61721002、U1811461）资助。

解决方案。本书针对这一问题，基于张量的 Kronecker 基表示构造了一种新型张量稀疏性度量。相比传统度量，所提张量稀疏性度量不仅充分编码了对于两种经典张量分解方式（Tucker 分解与 CP 分解）的稀疏性内涵，而且具有与传统的向量/矩阵稀疏性度量的一致性，同时蕴含显著的物理意义，即表达张量需要的 1 秩 Kronecker 基个数。所提度量在几种高维图像数据处理问题上都取得了良好的应用效果。

（2）提出了一种具有旋转与颜色不变性的彩色图像非局部自相似性建模方法。非局部自相似性是图像处理中最常用也最有效的图像先验，然而，现有方法忽略了结构相似但颜色与纹理方向不同的图像块之间的强相似性。本书首次用图像先验分布的形式建模了具有旋转与颜色不变性的非局部自相似性，更准确地刻画了彩色图像的非局部自相似结构，并将其应用到彩色图像去噪问题中，取得了优于现有基于非局部自相似性去噪方法的效果。

（3）提出了一种噪声生成机制嵌入的 CT 弦图去噪方法。本书通过充分考虑低剂量 CT 中两个本征噪声源的统计特性，即 X 射线的量子随机性和背景电噪声，将低剂量 CT 弦图预处理问题标准化为最大后验概率（MAP）估计问题。同时，针对 CT 弦图独特的分片线性特征，提出了一种新的 CT 弦图先验分布，能合理地建模 CT 弦图的特性。与传统的弦图去噪方法相比，所提模型的似然（损失）项和先验（正则）项都得到了更准确的改进，更符合 CT

弦图生成机制的统计本质，因此可以获得更优的 CT 弦图去噪效果。

(4) 提出了一种物理机制嵌入的深度高光谱融合网络。本书将低分辨率图像的生成模型和高光谱图像的低秩先验知识结合，提出一种新的高光谱融合模型，并将模型的求解过程融入深度网络的设计，构建了一个新的高光谱融合网络——MHF-net。由于模型和算法的精心设计，所提网络的基本模块不仅具有清晰的可解释性，而且很好地嵌入了低分辨率图像的内在生成机制。大量实验说明，所提方法相比传统深度网络有着本质的泛化性提升。

(5) 提出了一种领域知识嵌入的深度视网膜眼底病灶分割网络。首先，本书充分考虑了前景（病灶）和背景（视网膜底版图像）特征，以前景、背景分离的方式对视网膜眼底图像进行建模。其次，本书为所提模型设计了有效的 EM 求解算法，并据此构建了一种与算法的求解过程一致的新型视网膜眼底病灶分割网络，称为 EM-net。相比于传统的视网膜眼底病灶分割网络，所提方法能够将视网膜眼底图像与病灶的结构信息合理地嵌入网络的设计中，从而得到超越现有方法的效果。

关键词：领域知识建模，张量低秩性，稀疏性，非局部自相似性，CT 弦图去噪，高光谱融合，深度展开网络，眼底视网膜检测

论文类型：应用基础

Abstract

With the rapid development of information technology, image processing and analysis technology has also been applied in many parts of human life, where the mathematical representation and modeling of the image data play a very important role. Recently, there have been many successfully studies on the modeling of the 2D grayscale images. However, the structure of image data in different applications are usually very different to each other, and one single modeling method (for 2D grayscale case) is impossible to meet the specific needs of different applications. Therefore, it is very important to reasonably take the unique domain knowledge of the applications into consideration to construct mathematical model in specific applications.

This paper mainly studies how to embed the domain knowledge into the modeling in several typical image processing and analysis applications, involving both unsupervised learning cases and supervised learning cases. The unsupervised learning cases includes three applications, sparsity modeling of high-order data, nonlocal self-similarity modeling of color images and noise modeling of low-dose CT images. The supervised learning cases includes two applications, hyperspectral image fusion and fundus retinal lesion detection. The main contributions can be summarized as follows[⊖]:

(1) We propose a measure for tensor sparsity, called Kronecker-basis-representation based tensor sparsity measure (KBR briefly), which encodes both sparsity insights delivered by Tucker and CANDECOMP/PARAFAC (CP) low-rank decompositions for a general tensor. Then we study the KBR regularization minimization (KBRM) problem, and design an effective ADMM algorithm for solving it, where each involved parameter can be updated with closed-form equations. Such an efficient solver makes it possible to extend KBR to various tasks like tensor completion and tensor robust principal component analysis. A series of experiments demonstrate the superiority of the proposed method beyond state-of-the-arts.

(2) We propose a color and direction-invariant nonlocal self-similarity for color images. Nonlocal self-similarity (NSS) is one of the most commonly used priors in com-

---

⊖ The work was supported by the National Natural Science Foundations of China (Grants No.: 11690011、61721002、U1811461).

puter vision and image processing. However, current NSS in mainly design for the grayscale image, where some important structure of color image has not been considered yet. We propose two new representations for image patches, which facilitate an easy NSS prior for measuring direction-invariant and color-invariant nonlocal self-similarity possessed by image patches. Specifically, based on this prior term, we formulate the color image denoising problem as a concise Bayesian posterior estimation framework, and design an efficient Expectation-Maximization algorithm for solving it. A series of experiments demonstrate the superiority of the proposed method.

(3) We proposed a domain knowledge embedded low-dose CT sinogram noise modeling method. We formulate the low-dose CT sinogram preprocessing as a standard maximum a posteriori (MAP) estimation, which takes full consideration of the statistical properties of the two intrinsic noise sources in low-dose CT, i.e., the X-ray photon statistics and the electronic noise background. In addition, instead of using a general image prior as found in the traditional sinogram recovery models, we design a new prior formulation to more rationally encode the piecewise-linear configurations underlying a sinogram. Experiments on simulated and real low-dose CT data demonstrate the

superiority of the proposed.

(4) We designed a network architecture for the MS/HS fusion task, called MHF-net, which not only contains clear interpretability, but also reasonably embeds the well studied linear mapping that links the HrHs image to HrMs and LrHs images. In particular, we first construct an MS/HS fusion model which merges the generalization models of low-resolution images and the low-rankness prior knowledge of HrHs image into a concise formulation, and then we build the proposed network by unfolding the proximal gradient algorithm for solving the proposed model. As a result of the careful design of the model and algorithm, all of the fundamental modules in MHF-net have clear physical meanings and are thus easily interpretable. This not only greatly facilitates an easy intuitive observation and analysis on what happens inside the network, but also leads to its good generalization capability.

(5) We propose an interpretable network for multilesion segmentation by integrating the prior knowledge of retinal fundus images into it. Specifically, we first model the retinal fundus images in a foreground-background separation manner, where both the characteristics of the foreground (lesions) and background (non-lesion fundus images) are taken into consideration. Then, we build an

Expectation-Maximization (EM) algorithm for solving the proposed model, and design a novel network architecture accordant with it, called EM-net. The network composes of multiple stages, where each stage consists of two sub-stages, called E-net and M-net, corresponding to the E step and M step of EM algorithm. This not only helps to enhance the performance, but also greatly facilitates a deeper analysis on the network.

Keywords: domain knowledge modeling, tensor low-rankness, sparsity, nonlocal self-similarity, CT sinogram denoising, hyperspectral fusion, depth unrolling network, fundus retina detection

Type of Dissertation: Application Fundamentals

目 录

丛书序

推荐序 I

推荐序 II

导师序

摘要

Abstract

第 1 章　绪论 1

1.1　研究背景 1

1.2　相关研究现状 5

　　1.2.1　高维数据的稀疏性建模 5

　　1.2.2　颜色与方向不变的彩色图像非局部自
　　　　　相似性建模 10

　　1.2.3　低剂量 CT 弦图噪声建模 12

　　1.2.4　基于物理机制的深度高光谱融合 15

　　1.2.5　基于领域知识的眼底病灶检测 17

1.3　本书的主要内容 19

第 2 章　一种新型高阶稀疏性度量及在张量处理
　　　　问题中的应用 24

2.1　引言 24

2.2　符号定义和背景知识 27

2.3 CP 分解与 Tucker 分解 ·28

2.4 高阶稀疏性度量 · 32

2.5 KBR 高阶稀疏性度量 · 35

    2.5.1 KBR 稀疏正则最小二乘问题 · · · · · · · · · · · · ·36

    2.5.2 KBR 稀疏正则的张量填充问题 · · · · · · · · ·41

    2.5.3 KBR 稀疏正则的张量稳健主成分分析 · · · ·44

    2.5.4 KBR 稀疏正则最小二乘在高光谱

        图像去噪问题中的应用 · · · · · · · · · · · · · · · · ·48

2.6 实验结果 · 51

    2.6.1 高光谱图像去噪实验 · · · · · · · · · · · · · · · · · · · 51

    2.6.2 基于 KBR-TC 的高光谱图像填充实验 · · · ·55

    2.6.3 基于 KBR-RPCA 的视频背景建模实验 · · · 59

    2.6.4 折中参数的分析 · 61

2.7 小结 · 62

第 3 章 颜色与方向不变图像非局部自相似性建模
      及其应用 · 64

3.1 引言 · 64

3.2 符号定义和背景知识 ·69

3.3 颜色与方向不变非局部自相似性建模 · · · · · · · · · · · · ·69

    3.3.1 方向敏感图像块表示 · · · · · · · · · · · · · · · · · · · 70

    3.3.2 颜色敏感图像块表示 · · · · · · · · · · · · · · · · · · · 78

3.4 基于颜色与方向不变非局部自相似性的彩色

图像去噪模型 · 78

    3.4.1 彩色图像去噪的最大后验模型 · · · · · · · · · · · 78

　　　　3.4.2　EM 算法 80

　3.5　实验结果 87

　　　　3.5.1　仿真彩色图像去噪实验 87

　　　　3.5.2　真实彩色图像去噪实验 89

　3.6　小结 91

第 4 章　基于生成机制的低剂量 CT 弦图去噪 92

　4.1　引言 92

　4.2　符号定义和背景知识 96

　4.3　模型框架 97

　　　　4.3.1　投影数据的生成模型 98

　　　　4.3.2　弦图先验模型 100

　　　　4.3.3　最大后验估计 102

　　　　4.3.4　模型讨论 103

　4.4　ADMM 算法 104

　4.5　实验结果 108

　　　　4.5.1　对比方法 108

　　　　4.5.2　数字影像数据实验 109

　　　　4.5.3　仿真体模数据实验 112

　　　　4.5.4　临床猪心数据研究 119

　4.6　小结 121

第 5 章　物理机制嵌入的深度高光谱融合网络 122

　5.1　引言 122

　5.2　方法框架 129

　　　　5.2.1　模型框架 129

5.2.2　模型优化 133

5.2.3　MHF-net 的网络结构设计 134

5.3　一致高光谱融合网络 139

5.4　盲高光谱融合网络 141

5.5　实验结果 145

5.5.1　模型验证 145

5.5.2　响应系数一致数据上的对比实验 153

5.5.3　响应系数非一致数据上的对比实验 158

5.6　小结 165

第 6 章　领域知识嵌入的深度眼底病灶检测网络 ... 167

6.1　引言 167

6.2　EM-net 的基本框架 171

6.2.1　模型框架 171

6.2.2　模型求解 175

6.2.3　网络设计 177

6.2.4　网络训练 180

6.3　实验结果 181

6.3.1　IDRiD 数据上的实验 182

6.3.2　DDR 数据集上的实验 183

6.3.3　与 IDRiD 挑战榜对比 184

6.3.4　解释性验证 185

6.4　小结 187

第 7 章　结论与展望 188

7.1　结论 188

7.2 展望 190
附录 193
附录 A 理论结果证明 193
附录 B 深度网络设计细节 204
参考文献 215
攻读博士学位期间的科研成果 235
致谢 238
丛书跋 241

第1章

绪论

1.1 研究背景

随着信息获取与处理技术的飞速发展，图像数据的计算机处理与分析已经与人类生活息息相关，比如遥感图像分析、医学影像处理、人脸识别与检测、道路违章监控、车牌识别、手机拍照美颜、无人驾驶技术、围棋人机大战等[1-8]。在这个过程中，图像结构的合理数学表示与建模发挥着十分重要的作用。

图像数据往往具有高维数（二维以上）、多样性、细节丰富等特点，对其进行数学建模也因此变得困难[9-11]。同时，人类视觉系统对图像的美观与细节十分敏感，使得人们对图像处理与分析的结果往往有很高的要求，这也带来对图像数据建模的高精度需求。总体上看，现阶段的图像处理和分析模型与人类的视觉系统在许多方面仍有较大差距。例如，在图像去噪过程中，现有方法往往在去除噪声的同时对图像结构也造成了破坏，这很容易引起细节缺失与模糊。尤其是在复杂噪声场景下，如果不对噪声进行因地制宜的数学建模，那么去噪的结果往往难以满足人们对高质量图像的要求。又比如，在医学图像分析的过程中，人类可以利用自身对人体结构的认知来辅助自己对图像进行分析，而现有的图像分析方法大多数没有建模这种先验结构，也因此经常无法得到令人满意的结果。因此，图像结构的数学表示与建模一直是备受关注却仍有很大发展空间的研究热点。

现阶段，对灰度图像的二维空间结构建模已有较多研究，然而，不同场景下的图像数据往往有着较大的差异，现有的建模方法并不能满足不同场景的特异化需求。例如，不同于广受研究的灰度图像，高光谱图像有着复杂的三维结构，且其第三维（光谱维）与前两个维度（空间维）的结构特征截然不同，对这种三维结构进行充分建模能够大大提升高光谱图像处理的结果。又比如，CT 图像因其特有的成像过程，夹带的噪声往往呈线状，这与自然图像中混杂的均匀点状噪声有很大区别。因此在 CT 图像的去噪问题中，结合全成像规律进行合适的噪声建模将发挥重要的作用。另外，在医学图像的目标识别任务中，背景图像都是具有明显一致性特征的人体结构，这与自然图像的目标识别任务中背景图像千变万化的情形不同，合理利用医学图像背景的一致性特征也能发挥重要的作用。因此，在针对某个特定场景构建图像数据模型时，合理利用场景独特的领域先验知识十分重要。研究如何利用不同场景下的独特的图像先验知识进行合理精确的数学建模，是图像数据建模方法的一个重要组成部分，也是本文的研究重点。

对于一个观测的图像数据 $\boldsymbol{Y}$，其图像处理或分析的相关问题一般可以建模为如下后验分布推断问题：

$$P(\boldsymbol{Z}|\boldsymbol{Y}, \boldsymbol{\theta}) = \frac{P(\boldsymbol{Y}|\boldsymbol{Z}, \boldsymbol{\theta}_1)P(\boldsymbol{Z}|\boldsymbol{\theta}_2)}{P(\boldsymbol{Y})} \propto P(\boldsymbol{Y}|\boldsymbol{Z}, \boldsymbol{\theta}_1)P(\boldsymbol{Z}|\boldsymbol{\theta}_2)$$

$$(1\text{-}1)$$

其中，$\boldsymbol{\theta} = [\boldsymbol{\theta}_1, \boldsymbol{\theta}_2]$ 代表分布中必要的参数。$\boldsymbol{Z}$ 是待求的隐变量，在图像处理问题中，$\boldsymbol{Z}$ 代表待恢复的原始图像；在图像分析问题中，$\boldsymbol{Z}$ 代表图像的分类标签等隐变量。$P(\boldsymbol{Y}|\boldsymbol{Z}, \boldsymbol{\theta}_1)$ 是观测数据的生成分布，它刻画了观测数据与隐变量的关系。$P(\boldsymbol{Z}|\boldsymbol{\theta}_2)$ 是隐变量的先验分布，它代表了人们对待求的变量的结构认知。

在应用场景中，关键的领域先验知识既可能存在于生成分布中，也可能存在于先验分布中。例如在低剂量 CT 图像处理问题中，CT 图像的生成机制相比普通图像要复杂很多，引起了特殊的放射状线形图像噪声。因此，在 CT 图像处理问题中，应该对其生成机制进行充分建模，将其领域先验知识嵌入 $P(\boldsymbol{Y}|\boldsymbol{Z}, \boldsymbol{\theta}_1)$ 的构造中。又比如，在高光谱图像去噪问题中，最关键的领域知识在于待恢复的高光谱图像是一个具有高维相关性的 3 阶张量，而刻画这种领域知识就要对 $P(\boldsymbol{Z}|\boldsymbol{\theta}_2)$ 进行精细的建模。一般情况下，可以同时考虑利用领域先验知识对生成分布与先验分布进行精细的建模，以便充分利用数据的结构特征，达到最优

的处理与分析结果。

传统图像处理研究一般使用无监督学习的方式。考虑求解式 (1-1) 关于 Z 的负对数似然最小化问题：

$$\min_{Z} -\ln P(Z|Y,\theta) \propto \min_{Z}\{L(Z,Y) + R(Z)\} \qquad (1\text{-}2)$$

其中，$L(Z,Y) = -\ln P(Y|Z,\theta_1)$ 代表了损失函数，一般刻画了观测与待恢复图像的某种距离；$R(Z) = -\ln P(Z|\theta_2)$ 代表了正则函数，一般刻画了待恢复数据的结构特征。在这个框架下，研究重点集中在正则项与损失项的构造以及最小化问题的求解上。然而，目前的方法对这两部分的建模往往都比较简单，不能对复杂场景的领域先验进行充分的刻画。

近年来，伴随着深度学习方法的飞速发展与巨大成功，有监督学习在图像处理与分析中有了广泛应用。在这种方式下，人们同时观测到 Y 与 Z，而对应的学习问题则是关于参数 θ 的最大似然问题：

$$\max_{\theta} P(Z|Y,\theta) \qquad (1\text{-}3)$$

其中，$P(Z|Y,\theta)$ 由学习机（例如深度网络）给出。这个框架中没有显式地出现生成分布与先验分布，使得领域先验的嵌入更为困难。现有的研究大多数采用启发式的方式直接构造学习机，鲜有能够充分嵌入领域先验的方法。

本文以不同的应用场景为例进行领域先验建模方法研究，既涉及式 (1-1) 中生成分布 $P(Y|Z,\theta_1)$ 的建模，也涉

及式 (1-1) 中先验分布 $P(\boldsymbol{Z}|\boldsymbol{\theta}_2)$ 的建模。最后，还在深度学习的框架下研究如何将生成分布 $P(\boldsymbol{Y}|\boldsymbol{Z},\boldsymbol{\theta}_1)$ 的领域先验建模嵌入式 (1-3) 学习机的构造中。

1.2　相关研究现状

本书分别在几个典型图像处理与分析场景下进行领域先验的建模研究，既涉及无监督学习框架，也涉及有监督学习框架。其中无监督学习的场景包括高维数据的稀疏性建模、彩色图像非局部自相似性建模以及低剂量 CT 弦图噪声建模三个应用，有监督学习的场景包括高光谱图像融合、眼底视网膜病灶检测两个应用。本节我们将对这些问题及其研究现状进行概述。

1.2.1　高维数据的稀疏性建模

在图像处理问题中，最经典的研究对象是二维的灰度图像，一般可以直观地将其建模为二维矩阵数据以便进行研究。矩阵的处理与分析已有很多成熟的数学工具，这为二维图像的研究提供了许多便利。然而，很多现实场景下的图像数据并非简单的二维数据，比如彩色图像、多光谱图像和视频数据等都是三维张量形式的数据，又比如高光谱视频和多视角视频等更复杂的数据则应该建模为四维或更高维的张量。目前，高维数据的代数性质尚未得到充分的研究，对于三维以上张量的处理与分析的数学工具也没有像二维矩阵那么成熟，这给高光谱、视频等场景下的图像处理与分析带来困难。本文中，我们对高维数据特有的高阶稀疏性进行研究。

稀疏性是现实数据所共有的一般信息表达特性，其含义为数据可由其本质蕴含的少量基元素进行充分表达。如图 1-1所示，一个三维高光谱图像块的各个维度都有很强的相关性，这说明它在各个维度都存在一个稀疏的特征表达方式。此外，很多图像数据即使本身并不直接具备稀疏性，也往往在某个变换下体现出一定的稀疏性。以图像去噪问题为例，当我们用 TV 范数刻画"自然图像是比较平滑的"这个属性时，其实可以等价理解为把这个属性近似地用"自然图像数据在差商变换后将具有较强稀疏性"这个易于表达的属性进行了替换，这也说明了虽然自然图像本身没有稀疏性，但是在差商变换后是具有稀疏性的。正因为稀疏性是图像最常见的直接或间接特征，所以它对图像先验的构造十分重要。在对式 (1-1) 的先验分布 $P(\boldsymbol{Z}|\boldsymbol{\theta}_2)$ 的建模或式 (1-2) 正则项的建模过程中，合理和稀疏性设计往往能够发挥十分重要的作用。

本文将传统的元素意义下的稀疏性称为 1 阶稀疏性，对应的稀疏性度量称为 1 阶稀疏性度量。传统的矩阵低秩性可以理解为表达矩阵所需的最少基底数量，这正满足了我们对稀疏性的定义。出于一致性的考虑，本文将其称为 2 阶稀疏性，对应的稀疏性度量称为 2 阶稀疏性度量。目前，1 阶稀疏性度量与 2 阶稀疏性度量均有自然并受到广泛认可的数学表达形式。我们一般用向量形式数据中的非零元素个数（即 l_0 范数）作为 1 阶稀疏性度量，并用矩阵的秩作为 2 阶稀疏性度量。这两种稀疏性度量及其松弛形式（例如 l_1 范数与核范数）都展示出对稀疏性的良好刻画能力，也因此得到了非常广泛的应用，并催生了一系列基于稀疏或低秩的模型。

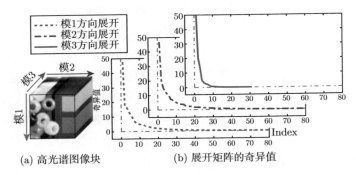

(a) 高光谱图像块　　(b) 展开矩阵的奇异值

图 1-1　高光谱图像的不同方向的相关性实例

与 1 阶和 2 阶情形不同，合理的高阶稀疏性度量构造仍然是尚未形成统一解决方案的重要问题。现有的高阶稀疏性度量主要基于张量 CP 分解与 Tucker 分解构造，其中最具有代表性的两种稀疏性度量是 CP 秩与 Tucker 秩。CP 秩是一种典型的高阶稀疏度量[12]，其定义为组成目标张量所需的最少秩 1 张量数。CP 秩作为高阶稀疏性度量的优点不仅在于其十分简单直观，也在于其与传统的 1 阶和 2 阶稀疏性度量的一致性，都是表达数组所需的最小同维秩 1 数组的数量。然而，CP 秩的计算是一个 NP 问题，很难对其构造方便计算的松弛形式。其计算的困难性导致它很难有效地应用于现实的稀疏建模问题中。另一种典型的高阶稀疏性度量是 Tucker 秩[13]，其定义为一个由张量各个方向展开矩阵的秩组成的数组（其长度即张量的维度数）。因为 Tucker 秩是基于矩阵秩定义的，所以其计算较为方便，往往可以通过对矩阵的计算技术直接移植改造来设计 Tucker 秩的相关算法。然而，Tucker 秩是一个数组，而非实数，所以并不能直接用来作为模型的优化目标，在实际应用中，一般通过元素的加权平均对其进行标量化。然而这种高阶稀疏性度量的构造仍然存在一些不足：（1）需要事先给定权重，而合理的权重往往并不容易确定，最简单的做法是使用相同的权重，但一般张量沿各个方向的展开矩阵的低秩性各不相同，因此使用相同的权重将它们的秩组合在一起往往不是十分合理；（2）这种稀疏性度量是基于张量沿各个方向的展开矩阵的性质定义的，但张量沿任意方向的展开本质上都会破坏其沿其他方向的结构信息，这导致一些重要的张量的结构信息很难通过 Tucker秩得以充分体现（例如 CP 秩信息），现阶段，大多数高阶稀疏性度量多是在 CP 秩与 Tucker 秩的基础上，通过设计不同的松弛方式来构造的[14-18]，也因此具有 CP 秩与Tucker 秩相似的不足。

张量奇异值分解（t-SVD）是近期提出的一种新型张量分解形式[19]。它的数学形式简洁，具备优良的数学性质，且与传统的 1 阶和 2 阶稀疏性度量具有很好的一致性。从形式上看，它具有与矩阵奇异值分解类似的优美形式。文献 [19] 同时提出一种基于 t-SVD 的高阶稀疏性度量（t-核范数），并将其应用到张量恢复中，验证了 t-核范数的有效性。文献 [20] 进一步提出了 t-核范数在张量的稳健主成分分析中的可恢复性理论。然而，尽管 t-核范数有一些优良的理论性质，但是它不具备 CP 秩和 Tucker 秩那样清晰的物理意义。例如，对于 $n_1 \times n_2 \times n_3$ 的 3 阶张量 H，基于 t-SVD 的高阶稀疏性度量定义为

$$S(\mathcal{X}) = \sum_{i=1}^{N} \|\bar{\boldsymbol{X}}_{(i)}\|_* \tag{1-4}$$

其中，$\bar{\boldsymbol{X}}_{(i)}$ 是 $\mathcal{X}$ 沿第 3 个维度的一维的傅里叶变换 $\bar{\mathcal{X}}$ 的第 i 层 $n_1 \times n_2$ 矩阵。式 (1-4) 可以直接作为图像处理问题的正则项使用，其本质是在刻画原数据各层经过傅里叶变换后的低秩加和。因此，t-核范数的实质可以理解为对原张量沿某个维度进行傅里叶变换后，其他维度所呈现的低秩性组合。相比 Tucker 秩，其优点为可以通过傅里叶变换增强某个维度的稀疏性表现，但与 Tucker 秩类似，这个度量仍然无法充分刻画细致的张量结构信息。此外，式 (1-4) 中的傅里叶变换要求对模型的推广有一定的影响。例如，当傅里叶变换并不能增强 $\mathcal{X}$ 某个维度的稀疏性，而 t-核范数却采用了这个维度进行变换时，该张量稀疏性可能不仅不能有效地提升模型的计算表现，反而给算法性能带来一定的负面作用。

综上分析，高阶稀疏性度量仍然是一个开放性的问题。

1.2.2　颜色与方向不变的彩色图像非局部自相似性建模

非局部自相似性是图像处理中最常见且最有效的图像先验之一，在图像去噪、图像去模糊、图像超分辨率等应用中都发挥了至关重要的作用[21-25]。对于自然图像中任一位置的图像小块，同一图像中往往存在若干与之相似的其他图像小块，这种性质就是自然图像的非局部自相似性。

传统的非局部自相似性建模主要以灰度图像为建模对象，其建模的过程如图 1-2 所示。对于一幅自然图像中的所有图像小块，找到一定数量的非局部相似小块从而组成一个相似块组，然后图像的非局部相似性建模就可以转化为所有相似块组内部的相关性建模。前人的工作主要集中在对数据块内部的相关性的建模上，包括滤波、稀疏字典表达及矩阵低秩逼近等方法。这些方法在无监督的灰度图像处理问题上做出了重要的贡献。

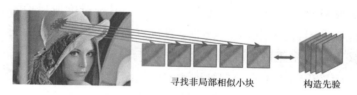

寻找非局部相似小块　　　　构造先验

图 1-2　灰度图像的非局部自相似性

然而，彩色图像的非局部相关性研究较少，现有针对彩色图像构造的方法多为传统灰度图像方法的自然推广。例如，目前最有效的两种方法是 CBM3D 与 MCWNN，它们分别是针对灰度图像设计的 BM3D 与 WNNM 方法的自然推广。这类方法虽然取得了不错的效果，但是由于对图像中所有位置的图像小块都要进行相似块匹配，所以计算代价很高。更重要的是，现有方法在匹配相似块的时候，直接使用二范数距离作为匹配准则，这使得彩色图像中很多本应具有较高相似性的小块不能得到匹配，造成非局部自相似性刻画的不充分。例如下面两种典型的彩色图像非局部自相似性：

• 形状与颜色相似但方向不同的图像小块之间的相似性。如图 1-3(a) 所示，许多结构和颜色相似的图像小块只有在经过一定角度的旋转后才能用二范数进行匹配。这种类型的相似性在同一个物体的非直线边缘处十分常见，但传统的非局部自相似性模型完全没有对其进行建模。

(a) 方向不同的图像小块　　(b) 彩色自然图像　　(c) 颜色不同的图像小块

图 1-3　彩色图像的非局部自相似性 (见彩插)

• 形状与方向相似但颜色不同的图像小块之间的相似性。如图 1-3(c) 所示，这种类型的相似图像小块只有在消除颜色的干扰后才能用二范数进行匹配。这种类型的相似性在颜色不同的同类物体间十分常见，但传统的非局部自相似性模型完全没有对其进行建模。

事实上，还有许多图像块虽然颜色与方向都不同，但是它们的结构依然是相似的，这种更一般的图像块相似性在传统的非局部自相似性建模中更没有得到体现。因此，传统的彩色图像的非局部自相似性建模还有很大的改进空间。

1.2.3 低剂量 CT 弦图噪声建模

CT 成像技术在医疗中有着十分重要的应用，这项技术将同一扫描对象在不同角度下的 X 光透视投影数据通过计算机处理整合成扫描对象的横截面图像。然而，近年来的研究表明，X 射线对遗传疾病和癌症都有一定的促发作用，这引起了医疗人员与患者越来越多的重视[2-3]。因此，人们对降低 CT 扫描中 X 射线剂量并减少辐射风险的需求越来越高。一个常见策略是通过降低 X 射线管电流和（或）缩短曝光时间来实现低剂量 CT 成像[26]。然而，低剂量情况下的投影数据质量将发生严重下降，投影图像将夹杂大量噪声，从而严重影响 CT 成像的质量，使成像结果带上具有复杂模态的噪声[2-3]。因此，如何去除低 X 射线剂量 CT 成像中的复杂噪声是一个很有意义的研究课题，近年来引起了来自医学、计算机、应用数学等领域学者的广泛关注。

如图 1-4 所示，一幅 CT 图像的生成需要经过 CT

扫描得到投影数据、投影数据进行负对数变换得到弦图数据、弦图数据进行拉东变换反演得到最终成像三个基本的过程。其中，图像的噪声主要是在 CT 扫描得到投影数据的过程中混入的。这些噪声导致了弦图数据带噪，进一步地，在拉东变换反演得到最终 CT 成像的过程中，噪声也随着数据进行了复杂的变换。最终在 CT 图像中形成复杂的线状噪声，这与自然图像去噪问题中常见的点状噪声有很大差异，导致了传统图像去噪方法在 CT 图像去噪问题上失效。

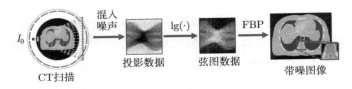

图 1-4　CT 图像的噪声形成过程

　　研究表明，在投影数据形成过程中，噪声主要由两部分组成，即 X 射线的量子随机性与仪器造成的背景电噪声。其中，X 射线的量子随机性可以看作一系列量子随机性的复合。每个量子的随机性一般可用二项分布来合理刻画，因此 X 射线的量子随机性可以看作多个二项分布的组合，即泊松分布。这部分噪声在低剂量的情形下将起主导作用。仪器造成的背景电噪声一般是由许多因素共同作用的小量级噪声，这种噪声一般适合用一个零均值小方差高斯分布建模，且在实际中其方差一般是可测量的。

即使人们对噪声的成因已有较为完善的理解，但由于整个过程较为复杂，现有 CT 去噪研究对噪声的建模往往仍不完备。目前的方法主要包括两类，即对数后噪声建模与对数前噪声建模。对数后噪声建模方法在弦图数据上进行噪声建模，一般将各像素点的噪声建模为高斯分布。其中最典型的方法为惩罚加权的最小二乘（Penalized Weighted Least-Square，PWLS）方法，通过假设不同像素点的噪声满足不同方差的高斯分布，推导出一个加权二范数形式的损失函数，再结合弦图数据的平滑正则，得到完整的去噪模型[27-29]。这类方法一般求解很方便，但负对数变换后的噪声模态往往十分复杂，且数据的均值估计存在理论偏差。因此，在弦图数据（投影数据负对数变换的结果）上进行噪声建模是十分困难的，常见的高斯分布模型往往不精确。

对数前噪声建模方法直接在投影数据上进行噪声建模，这使精确噪声建模变得较为方便。但投影数据上重要信息的数量级很低，直接进行投影数据的去噪将导致一些重要的图像结构信息损失。因此，对数前噪声建模仍要结合对数后数据的先验与正则来构造完整的弦图数据去噪模型，但这种做法使得模型中同时涉及了负对数变换前后的数据，带来很大的求解困难。因此，现有的研究只能对噪声的建模进行简化与近似，从而方便求解。典型的方法如惩罚似然（Penalized-Likelihood，PL）方法和泊松平移方法（Shifted Poisson），它们都对高斯分布的背景噪声做了一定的近似，因此不能完全精确地进行噪声建模[30-32]。

综上所述，CT 弦图的噪声建模涉及复杂的领域知识，但目前的方法仍未完全地建模这些领域知识，因此仍有提升的空间。

1.2.4　基于物理机制的深度高光谱融合

高光谱图像由观测对象在不同的连续光谱带的成像组成，在光谱维度有上百个通道。相比于传统的黑白图像和 RGB 自然图像，高光谱图像能够精细地刻画出观测对象在不同光谱维度下的细微差异，为许多图像处理与分析任务提供了更为丰富的信息。在目标识别、目标追踪、图像分割、图像解混等许多计算机视觉任务中，高光谱图像的应用都能有效地提升现有方法的性能[4-6,10-11]。

然而，获取高质量高光谱图像不可避免地需要更多的曝光时间，这严重影响了图像的获取效率并提高了设备的成本。另外，许多应用对曝光时间有着必要的限制，使得对应的光学成像系统不可能直接获取高空间分辨率高光谱（High-resolution Hyperspectral，HrHs）图像。因此，一般情况下，现有的设备只能获取谱段较少的高空间分辨率多光谱（High-resolution Multispectral，HrMs）图像或者清晰度低的低空间分辨率高光谱（Low-resolution Hyperspectral，LrHs）图像[33]。如图 1-5 所示，高光谱融合就是将 HrMs 图像与 LrHs 图像融合生成 HrHs 图像的应用[34]。

研究表明，HrMs 图像与 LrHs 图像都存在显式的生成模型，即它们分别是 HrHs 在光谱维度与空间维度进行压缩的结果，且它们的生成模型都可以由简单的线性方程严格刻画。传统高光谱融合的研究大多数都基于 HrMs 图像与 LrHs 图像的生成模型进行。其中，一类方法结合了生成模型与图像空间先验信息提出，例如文献 [35] 结合了 TV 先验与生成模型，构造了高效的高光谱整合方法。另一类方法结合了高光谱图像特有的光谱可字典表示的特性，通过学习局部光谱字典与再表达进行高光谱融合[36-38]。还有一些方法结合矩阵分解或张量分解模型进行高光谱融合[39-41]，也取得了很大的成功。

高空间分辨率
多光谱分辨率

融合方法

高空间分辨率
高光谱分辨率

低空间分辨率
高光谱分辨率

图 1-5　高光谱融合

近年来，深度学习方法在许多图像处理与分析任务上都取得了巨大的成功，在高光谱融合领域也不例外。当成对训练数据充分时，深度学习方法能够在精度与速度上同时超越传统方法。然而，现有的深度高光谱融合方法大多数只是简单借用了图像处理领域的已有网络，没有针对高光谱融合这个特定的问题进行专门的设计。具体来看，现有方法大多数先将 LrHs 图像采用插值方法放大到与 HrMs 图像同等空间分辨率大小，然后将其与 HrMs 沿光谱维度拼合到一起，作为网络的输入，再经过一个常用深度网络后，输出融合结果。这个过程完全忽略了高光谱融合最重要的几个领域知识：HrMs 图像与 LrHs 图像都存在显式的生成模型；高光谱图像的光谱维度有很高的冗余性。这些领域知识已被证明能大大提升高光谱融合效果，因此研究如何在深度学习的框架中对其进行建模是非常有必要的。

1.2.5　基于领域知识的眼底病灶检测

糖尿病视网膜病变（Diabetic Retinopathy，DR）是由糖尿病引起的一种眼病，已成为成人视力下降的主要原因。幸运的是，研究表明，通过早期发现和及时治疗，可以很好地预防 DR 引起的视力下降[7-8]。因此早期的 DR 筛查是必要的，其中眼底视网膜图像分析是 DR 筛查最常用的方法。然而，人工眼底视网膜图像分析难度很高，即使是经过专业训练的医生也需要数小时才能完成一幅眼底视网膜图像的 DR 筛查。近年来，随着眼病的发病率不断上升，人工眼底视网膜图像病灶检测的高成本问题成为临床诊断的主要瓶颈。因此，智能眼底病灶检测方法的研究越来越引起人们的关注。

近十年来，基于深度学习的方法在许多计算机视觉任务中的表现都优于传统方法，这些方法也被引入 DR 筛查，并被证明是非常有效的[42-44]。最近，这些方法的研究重点大多数集中在设计多尺度特征提取的网络结构和损失项上[45-49]。例如，文献 [50] 提出了一种端到端的统一框架 L-Seg，它对不同深度的网络层进行上采样，将其作为病变分割的初步结果输出，然后将这些结果融合为最终输出。由于该网络考虑了不同深度的特征映射，因此可以同时分割多个病灶，达到了当前最优的性能。

　　眼底图像最明显的特征之一是它可以分解为两个部分，即背景无病灶成分和前景病灶成分，如图 1-6（a）所示。很容易看出，即使眼底图像来自不同的人，它们的背景也可能非常相似（主要的区别在于血管的随机性）。因此，可以使用确定性方式对背景成分进行编码，例如字典

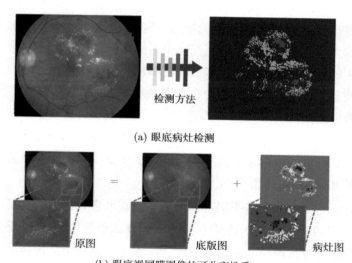

(a) 眼底病灶检测

原图　　　　　　　底版图　　　　　病灶图

(b) 眼底视网膜图像的可分离性质

图 1-6　眼底病灶检测与眼底视网膜图像的可分离性质

表示模型[51]等。相反，病灶成分具有高度多样性，一幅眼底图像可能包含形状、大小、位置和亮度等方面各不相同的多种类型病灶。因此，更适合以随机的方式描述具有这种随机性特性的成分，例如高斯混合模型（一个分量代表一类病灶）[52]。即使在只有极弱监督的情况下，这种基于先验的建模方法也已经被证实是有效的[53]，这说明将这些有用的先验知识集成到网络架构中将极有可能进一步提升深度学习方法的性能。

1.3　本书的主要内容

　　尽管现有图像处理与分析研究在不同应用场景中都取得了不少成果，但具体场景的领域知识建模仍有许多不足之处。本书针对高维数据的稀疏性建模、彩色图像非局部自相似性建模、低剂量 CT 弦图的噪声建模、高光谱图像融合、眼底视网膜病灶检测等五个具体的应用场景进行研究，基于正则项构造、误差建模、模型驱动深度网络构造等思想，细化现有方法在具体问题中的建模，力求充分刻画不同场景中的领域知识。具体来说，本书的主要内容包括：
　　（1）提出了一种新型的高阶稀疏性度量。目前对于向量（1 阶数组）与矩阵（2 阶数组）数据均存在较为成熟的稀疏性度量。然而，对于张量（高阶数组）数据的合理稀疏性度量构造，仍未形成统一的解决方案。本书提出了一种新型张量稀疏性度量。相比传统度量，所提出的张量稀疏性度量不仅充分编码了两种经典张量分解方式（Tucker 分解与 CP 分解）的稀疏性内涵，而且具有与传统的向量（矩阵）稀疏性度量的一致性，同时蕴含显著的物理意义（张量表达的 1 秩 Kronecker 基个数）。进一步，为所提出的度量在一般图像处理问题中的应用设计了高效算法，并将其应用到多光谱图像去噪、多光谱图像填充、视频前背景分离等问题中。实验表明，所提出的稀疏性度量在应用中的表现优于现有的稀疏性度量。

（2）提出了一种具有方向与颜色不变性的彩色图像非局部自相似性建模方法。非局部自相似性是图像处理中最常用也最有效的图像先验，然而当前方法一般简单地使用欧氏距离进行相似块匹配，这种方式忽略了结构相似但颜色与纹理方向不同的图像块之间的强相似性。为了更充分地建模彩色图像的非局部自相似性，本书首次用标准图像先验分布形式建模了方向与颜色不变性的非局部自相似性，并将其应用于彩色图像去噪问题中，将问题转化为标准的最大后验估计问题。最后，本书通过一系列仿真与真实的彩色图像去噪实验验证了所提出的非局部相似性具有优于传统方法的性能表现。

（3）提出了一种基于生成机制的 CT 弦图去噪方法。本书通过充分考虑低剂量 CT 中两个本征噪声源的统计特性，即 X 射线的量子随机性和背景电噪声，将低剂量 CT 弦图预处理问题标准化为最大后验估计问题。同时，本书针对 CT 弦图独特的分片线性特征提出一种新的 CT 弦图先验分布，相比传统的平滑先验，所提出的先验分布能更合理地建模 CT 弦图的特性。与传统的弦图去噪方法相比，所提出的模型的似然（损失）项和先验（正则）项都得到了更准确的改进，更符合 CT 弦图生成机制的统计本质。我们进一步构造了一种高效的交替方向乘子法（ADMM）来求解所提模型。最后，通过一系列仿真和实际的低剂量 CT 数据的去噪实验，验证了该方法的有效性。

（4）提出了一种物理机制嵌入的深度高光谱融合网络。本书首先将低分辨率图像的生成模型和高光谱图像的低秩先验知识结合，提出一种新的高光谱融合模型。然后，本书通过模型驱动的深度学习方法构建了一个新的高光谱融合网络——MHF-net。由于模型和算法的精心设计，所以所提出的网络的基本模块不仅具有清晰的可解释性，而且很好地嵌入了低分辨率图像的内在生成机制。这不仅有助于对网络内部情况进行直观的观察和分析，而且有助于提升网络的泛化能力。在 MHF 网络框架的基础上，本书针对实际应用中的两种常见情况进一步设计了两种深度学习机制：一致 MHF 网络和盲 MHF 网络。前者适用于训练和测试数据的光谱与空间响应系数都一致的情况，这正是现有有监督高光谱融合研究所考虑的情形。后者适用于训练和测试数据的光谱与空间响应系数不匹配的情况，保持在测试数据上的良好的泛化效果，甚至在不同传感器之间具有良好的泛化能力。这一方法有效解决了传统有监督高光谱融合方法在光谱和空间响应系数不匹配的数据之间泛化性能差的问题。最后，本书通过一系列实验验证了所提出的网络的可解释性与有效性。

（5）提出了一种领域知识嵌入的深度视网膜眼底病灶分割网络。首先，本书充分考虑了前景（病灶）和背景（视网膜底版图像）特征，以前景、背景分离的方式对视网膜眼底图像进行建模。其次，本书为所提出的模型设计了有效的 EM 求解算法，并设计了一种与算法的求解过程一致的新型视网膜眼底病灶分割网络，称为 EM-net。所提出的网络是一个多阶段结构，每个阶段由两个子网络组成，分别称为 E-net 和 M-net，对应于 EM 算法的 E 步和 M 步。这两个子网络将原始分割任务分解为两个简单任务，同时具有清晰的可解释性。相比于传统视网膜眼底病灶分割网络，所提出的方法能够将视网膜眼底图像与病灶的结构信息合理地嵌入网络的设计中。最后，本书通过在两个常用数据集上的实验，验证了 EM-net 具有优于现有方法的性能。

上述五个工作中，前两个工作主要涉及式 (1-1) 中先验分布 $P(Z|\theta_2)$ 的建模，第三个工作主要涉及式 (1-1) 中生成分布 $P(Y|Z,\theta_1)$ 的建模，最后两个工作在深度学习的框架下研究如何将生成分布 $P(Y|Z,\theta_1)$ 的领域先验建模嵌入式 (1-3) 学习机的构造中。本书的工作表明，在图像分析与处理的各个阶段中，领域知识的精确建模都能发挥重要作用。

本书的结构安排如下：第 2 章提出一种新型的高阶稀

疏性度量；第 3 章提出一种具有颜色与方向不变的彩色图像非局部自相似性建模方法；第 4 章提出一种基于生成机制的低剂量 CT 弦图去噪方法；第 5 章提出一种物理机制嵌入的深度高光谱融合网络；第 6 章提出一种领域知识嵌入的深度眼底病灶检测网络；第 7 章总结全文并讨论值得进一步研究的问题。

第 2 章
一种新型高阶稀疏性 度量及在张量处理问 题中的应用

　　本章首先回顾在此方向上的研究进展及典型应用，揭示前人工作中高阶稀疏性的内涵。其次，提出一种新型的高阶稀疏性度量，建立对应的张量恢复模型，并给出一种高效的求解算法。最后，我们将所提出的稀疏性度量应用到三种不同的张量恢复应用中，并通过实验验证所提出的度量的优越性。

2.1　引言

　　在第 1 章中，我们已经讨论过高阶稀疏性度量对张量处理问题的重要意义。一般来说，一个基于稀疏性的张量恢复问题可以由如下数学模型定义：

$$\min_{\mathcal{X}} S(\mathcal{X}) + \gamma L(\mathcal{X}, \mathcal{Y}) \tag{2-1}$$

其中，$\mathcal{Y} \in \mathbf{R}^{I_1 \times I_2 \times \cdots \times I_N}$ 表示观测数据，$\mathcal{X}$ 表示待估计张量，$L(\mathcal{X}, \mathcal{Y})$ 是 $\mathcal{X}$ 与 $\mathcal{Y}$ 之间的损失函数，$S(\mathcal{X})$ 表示 $\mathcal{X}$ 的

稀疏性度量，γ 是必要的模型参数。可以看出，式 (2-1) 的关键点在于设计合适的高阶稀疏性度量，而合理的高阶稀疏性度量目前仍然是尚未形成统一解决方案的基础问题。

正如第 1 章中介绍的，现有的高阶稀疏性度量主要以 CP 秩、Tucker 秩及它们的变体为主。其中，CP 秩定义为组成目标张量的最少秩 1 张量的个数。如图 2-1 所示，其优点不仅在于十分简单直观，且在于它与传统的 1 阶和 2 阶稀疏性度量在物理意义上的一致性：它们都是表达数组所需的最小同阶秩 1 数组的个数。然而，CP 秩的计算是一个 NP 难问题且很难构造方便计算的松弛形式，这使基于 CP 秩构造的稀疏性度量很难有效应用于真实的稀疏建模问题中。此外，CP 秩对数据的噪声与损坏十分敏感，这也影响了它在实际应用中的有效性。

Tucker 秩定义为张量各个方向的展开矩阵的秩组成的数组（其长度为张量的维度数目）。由于 Tucker 秩在计算上方便，所以现有方法多基于 Tucker 秩构造，并采用如下简单直观的方法将其量化：

$$S(\mathcal{X}) = \sum_{i=1}^{N} w_i \mathrm{rank}(\boldsymbol{X}_{(i)}) \qquad (2\text{-}2)$$

其中，$\mathcal{X}$ 是一个 N 阶张量，$\boldsymbol{X}_{(i)}$ 是 $\mathcal{X}$ 沿第 i 个维度方向的展开矩阵，w_i 是一个需要提前确定的权重参数，一般设为 $\dfrac{1}{N}$。因为容易构造便于计算的松弛形式（例如，$\sum_{i=1}^{N} w_i \|\boldsymbol{X}_{(i)}\|_*$），所以这种形式的稀疏性度量在不少实际问题中都得到了应

用[14-18]。

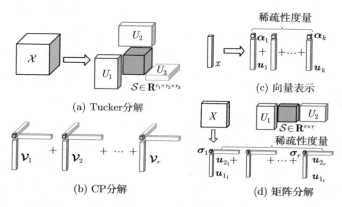

(a) Tucker分解

(b) CP分解

(c) 向量表示

(d) 矩阵分解

图 2-1　几种不同的分解方式及其与稀疏性度量的关系

虽然现有方法在应用中已经取得一定的成果，但是仍然存在如下问题。首先，式（2-2）中需要事先给定权重 w_i，而合理的 w_i 往往并不容易确定。实际中最简单的做法是设置相同的权重，但一般张量的各方向展开矩阵的秩是不同的，因此用相同的权重将它们组合在一起往往不是十分合理。更重要的是，这一类稀疏性度量是基于张量沿各个方向的展开矩阵的性质定义的，但张量沿任意方向的展开都会本质破坏其他方向的结构信息，这导致一些重要的张量的结构信息很难通过各个方向的展开矩阵得以充分体现（例如 CP 秩信息）。因此，本章提出一种不基于展开矩阵的高阶稀疏性度量，旨在解决上述问题。我们的贡献主要包括以下三个方面：

首先，我们提出了一种全新的张量稀疏性度量，即将张量稀疏性定义为表达该张量所需的最少正交 1 秩 Kronecker 基个数。相比传统度量，所提出的张量稀疏性度量不仅充分编码了对于两种经典张量分解方式（Tucker 分解与 CP 分解，见图 2-1）的稀疏性内涵，而且具有与传统的向量/矩阵稀疏性度量的一致性。同时，所提出的度量具有很直观的合理性。

其次，本书为所提出的度量在一般机器学习模型中的应用设计了高效算法。由于所提出的度量的形式比较复杂，所以增加了对其进行求解的难度。本书中，我们通过 ADMM 框架对所提出的模型进行求解，为涉及的所有子问题推导了解析解。据我们所知，形如式 (2-2) 的带正交约束的线性规划问题在矩阵分解的相关应用中非常常见，而本书第一次为其推导了解析解。

最后，我们将所提出的张量稀疏性度量应用在多光谱图像去噪、多光谱图像填充、视频前背景分离等问题中。大量仿真与真实数据上的实验说明，所提出的稀疏性度量在应用中的表现优于现有的稀疏性度量。

2.2　符号定义和背景知识

本书将 N 阶张量记为 $\mathcal{A} \in \mathbf{R}^{I_1 \times I_2 \times \cdots \times I_N}$，对应的元素记为 $a_{i_1 \cdots i_n \cdots i_N}$，其中，$1 \leqslant i_n \leqslant I_n$。作为特例，向量 $\boldsymbol{a}$ 的第 i 个元素记为 a_i。本文将行向量记为 $[a_1, \cdots, a_n]$，将列向量记为 $[a_1; \cdots; a_n]$，将 $n \times n$ 矩阵记为 $[a_{11}, \cdots, a_{1n}; \cdots;$

$a_{n1}, \cdots, a_{nn}]$，将单位矩阵定义为 $\boldsymbol{I}$。本文将张量 $\mathcal{A}$ 的傅比尼范数记为 $\|\mathcal{A}\|_F = \sqrt{\sum_{i_1,\ldots,i_N} a_{i_1,\ldots,i_N}^2}$，将张量 $\mathcal{A}$(或矩阵 $\boldsymbol{A}$) 的向量化记为 $\boldsymbol{a} = \mathrm{vec}\,(\,\mathcal{A}\,)$（或 $\boldsymbol{a} = \mathrm{vec}\,(\,\boldsymbol{A}\,)$）。

矩阵乘法的定义可以容易地推广到张量与矩阵的乘法上，张量 $\mathcal{A} \in \mathbf{R}^{I_1 \times I_2 \times \cdots \times I_N}$ 与矩阵 $\boldsymbol{B} \in \mathbf{R}^{J_n \times I_n}$ 的模 n 乘法记为 $\mathcal{A} \times_n \boldsymbol{B} = \mathcal{C} \in \mathbf{R}^{I_1 \times \cdots \times J_n \times \cdots \times I_N}$，其中

$$c_{i_1 \times \cdots \times i_{n-1} \times i_n \times i_{n+1} \times \cdots \times i_N} = \sum_{i_n} a_{i_1 \cdots i_n \cdots i_N} b_{j_n i_n}$$

当一个张量可以写为 N 个向量的外积形式时，即

$$\mathcal{A} = \boldsymbol{a}^{(1)} \circ \boldsymbol{a}^{(2)} \circ \cdots \circ \boldsymbol{a}^{(N)}$$

我们称 $\mathcal{A} \in \mathbf{R}^{I_1 \times I_2 \times \cdots \times I_N}$ 为秩 1 张量，其中 ∘ 代表向量的外积，且其元素为

$$a_{i_1, i_2, \cdots, i_N} = a_{i_1}^{(1)} a_{i_2}^{(2)} \cdots a_{i_N}^{(N)} \quad \forall\, 1 \leqslant i_n \leqslant I_n \tag{2-3}$$

这种秩 1 张量也称为 Kronecker 基。在 2D 情形下，Kronecker 基也可以表达为 $\boldsymbol{u}$ 和 $\boldsymbol{v}$ 两个向量的外积：$\boldsymbol{u}\boldsymbol{v}^{\mathrm{T}}$。

2.3　CP 分解与 Tucker 分解

事实上，稀疏性度量构造与数据分解方法有着十分密切的关系。如图 2-1(c) 所示，向量稀疏性度量可以看作问题在自然基底下分解时需要的最小基底数，而矩阵秩的定义为矩阵做奇异值分解时非零奇异值的数量。如

图 2-1(d) 所示，当把奇异值分解重新表达为其等价的秩 1 分解形式时，可以看到，矩阵的秩即秩 1 分解所需的最小的秩 1 矩阵的数量。在给出新的稀疏性度量之前，我们首先对 CP 分解与 Tucker 分解中的高阶稀疏性内涵进行简单探讨。

如图 2-1(b) 所示，CP 分解将张量 $\mathcal{X} \in \mathbf{R}^{I_1 \times I_2 \times \cdots \times I_N}$ 分解为 r 个秩 1 张量的线性组合

$$\mathcal{X} = \sum_{i=1}^{r} c_i \mathcal{V}_i = \sum_{i=1}^{r} c_i \boldsymbol{v}_{i_1} \circ \boldsymbol{v}_{i_2} \circ \cdots \circ \boldsymbol{v}_{i_N} \tag{2-4}$$

其中，c_i 表示第 i 个 Kronecker 基（秩 1 张量）的组合系数，$\mathcal{V}_i$ 是由 $\boldsymbol{v}_{i_n}(n = 1, \cdots, N)$ 外积而定义的秩 1 张量。CP 秩 r 即以这种形式对 $\mathcal{X}$ 进行分解所需要的最少 Kronecker 基个数。如前文所述，CP 秩有很好的理论性质与物理解释性，CP 分解在数据为 1 阶或 2 阶形式时可以自然地退化为传统的向量基表示分解或 SVD 分解，如图 2-1(c) 与图 2-1(d) 所示。然而，除了计算较为困难以外，CP 秩还存在一个较大的问题，即不能有效刻画 $\mathcal{X}$ 沿各个维度展开矩阵的低秩性。例如，在极端的情况下，当 CP 秩对应 Kronecker 基每个 $\boldsymbol{v}_{i_n}$ 在每个维度都呈现不相关的情形时（即核张量呈现近似对角形态），尽管 Kronecker 基的总数非常少，但是其表达的张量在每个维度展开获得的矩阵均为几乎满秩（或高秩）矩阵。此时，CP 秩表达的稀疏性并不能对应于沿张量每个维度展开形成子空间的稀疏性，往往与实际问题不符。

如图 2-1(a) 所示, Tucker 分解将目标张量 $\mathcal{X} \in \mathbf{R}^{I_1 \times \cdots \times I_N}$ 分解成 N 个正交矩阵与一个核张量的乘积

$$\mathcal{X} = \mathcal{S} \times_1 \boldsymbol{U}_1 \times_2 \boldsymbol{U}_2 \times \cdots \times_N \boldsymbol{U}_N \tag{2-5}$$

其中, $\mathcal{S} \in \mathbf{R}^{R_1 \times \cdots \times R_N}$ $(r_i \leqslant R_i \leqslant I_i)$ 称为核张量, $\boldsymbol{U}_i \in \mathbf{R}^{I_i \times R_i} (1 \leqslant i \leqslant N)$ 由目标张量的第 i 维展开矩阵的 R_i 个正交基底组成。当我们对基矩阵 $\boldsymbol{U}_i$ 中的列合理排序时, $\mathcal{S}$ 的元素将呈现出一种由左上角至右下角递减的分布, 且其非零元素将只分布在左上角 $r_1 \times r_2 \times \cdots \times r_N$ 大小的方块区域内, 如图 2-2所示。此时, 可以看到, Tucker 秩 $[r_1, r_2, r_N]$ 即核张量中方块非零区域的各边边长。然而, 在实际 3 阶数据的核张量中, 非零元素沿各层呈现较为复杂的变化形态, 而 Tucker 秩并不能够有效刻画这样的非零元素分布差异性, 仅提供了核张量中非零块的大小的刻画。例如, 在非零元素的方块中, 靠后的一些层只含有极小量的非零元素, 靠前的层几乎处处都是非零的, Tucker 秩把这些层都平等地对待了, 这显然是不合理的。

从上面的分析我们可以观察到, 无论 CP 秩还是 Tucker 秩, 它们对张量稀疏性的刻画都不全面, 但它们刻画的内容在一定的程度上是互补的。事实上, Tucker 分解也可以写成秩 1 矩阵加和的形式

$$\mathcal{X} = \sum_{i_1, \cdots, i_N} s_{i_1, \cdots, i_N} \boldsymbol{u}_{i_1} \circ \boldsymbol{u}_{i_2} \circ \cdots \circ \boldsymbol{u}_{i_n} \tag{2-6}$$

其中, $\boldsymbol{u}_{i_n}$ 为所有 $\boldsymbol{U}_n$ 的第 i_n 列。此时, 可以看出, $\mathcal{S}$ 中非零元素的个数即代表达张量需要的 Kronecker 基个数 (与

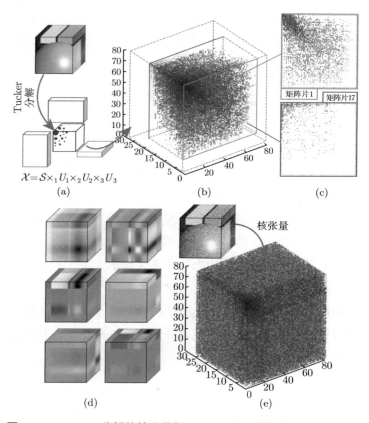

图 2-2 Tucker 分解的核张量与 Kronecker 基可视化 (a) 一个
高光谱图像 $\mathcal{X}_0 \in \mathbf{R}^{80 \times 80 \times 26}$ 及其对应的 Tucker 分解
示意图；(b)$\mathcal{X}$ 的核张量 $\mathcal{S} \in \mathbf{R}^{80 \times 80 \times 26}$ 示意图；(c) $\mathcal{S}$
中典型的矩阵片展示；(d) $\mathcal{X}$ 的前 6 个 Kronecker 基展
示；(e) 带噪高光谱图 (带噪数据不具有高阶稀疏性) 及其
核张量 (非零方块的大小为 $80 \times 80 \times 26$ 且核张量中大
部分元素非 0)

CP 分解中的 Kronecker 基的不同在于这里的 Kronecker 基是由各基矩阵 U_n 的列外积而来的），其提供了 CP 秩的一个上界。

2.4 高阶稀疏性度量

基于以上认识，我们认为，核张量中与高阶稀疏度相关的信息主要可以归纳为以下两方面。

- 细描述：核张量的非零元素的数量（细致刻画核张量中非零元素的个数）。

- 粗约束：核张量中方块非零区域的大小（提供核张量非零元素个数的上界）。

其中第二点正是 Tucker 秩以及秩和形式 (2-2) 稀疏性度量所刻画的内容。基于上述对张量稀疏性的认识，我们提出如下的高阶稀疏性度量：

$$S(\mathcal{X}) = t \|\mathcal{S}\|_0 + (1-t) \prod_{i=1}^{N} \text{rank}\left(\boldsymbol{X}_{(i)}\right) \tag{2-7}$$

其中，$\mathcal{S} \in \mathbf{R}^{I_1 \times \cdots \times I_N}$ 是 $\mathcal{X}$ Tucker 分解的核张量，$0 < t < 1$ 用以平衡式中两项。如图 2-3所示，第一项刻画了核张量中非零元素的数量，第二项刻画了核张量中非零方块的体积大小。由于所提出的稀疏性度量是基于 Kronecker 基表达的，所以我们将其命名为 KBR 高阶稀疏性度量。

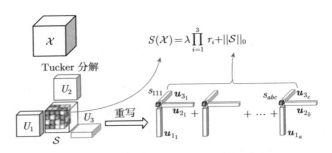

图 2-3　所提出的高阶稀疏性度量的直观展示

相比传统张量稀疏性度量，所提出的稀疏性度量具有如下特点。

（1）所提出的稀疏性度量具有明确的物理意义。其中，第一项除了表示目标张量所需的 Kronecker 基数量以外，还与 CP 秩对高阶稀疏度量的刻画内涵一致。第二项是第一项的上界，与第一项的意义是统一的，同时它也是张量的各方向展开矩阵低秩性的刻画。可以看出，所提出的 KBR 高阶稀疏性度量把核张量稀疏性度量的上界与各个方向展开矩阵低秩的刻画合理地融合在了一起。这种方式既可以避免 Tucker 秩对核张量的刻画过于粗糙的问题，又避免了 CP 秩无法刻画各个方向低秩性的问题。

（2）所提出的高阶稀疏性度量与传统 1 阶和 2 阶稀疏性度量内涵具有一致性。传统的 1 阶向量稀疏性可以理解为特定字典下本质表达目标数据的向量基个数，即 1 阶 Kronecker 基个数；2 阶矩阵稀疏性即为表达原数据所需秩 1 矩阵数量，即 2 阶 Kronecker 基个数。因此，所提出

的高阶稀疏性度量与其物理意义完全统一。而从表达形式上看，对于 1 阶稀疏性度量 $\|\boldsymbol{x}\|_0$，所提出的稀疏性度量为 $S(\boldsymbol{x}) = t\|\boldsymbol{x}\|_0 + (1-t)\|\boldsymbol{x}\|_0$，显然，其关于 $\|\boldsymbol{x}\|_0$ 是单调的。对于传统 2 阶稀疏性度量 $\mathrm{rank}(\boldsymbol{X})$，所提出的稀疏性度量为 $S(\boldsymbol{X}) = t\,\mathrm{rank}(\boldsymbol{X}) + (1-t)\mathrm{rank}(\boldsymbol{X})^2$，显然，它关于 $\mathrm{rank}(\boldsymbol{X})$ 也是同步增长的。因此，从对稀疏性的量化刻画上看，与传统稀疏性度量具有一致性。

（3）所提出的稀疏性度量与常见的加权秩和形式的稀疏性度量式 (2-7) 也是一致的，且它提供了一种对权重的新理解：令 $w_i = \frac{1}{N} \prod_{j \neq i} \mathrm{rank}(\boldsymbol{X}_{(j)})$，则

$$\prod_{i=1}^{N} \mathrm{rank}(\boldsymbol{X}_{(i)}) = \sum_{i=1}^{N} w_i \mathrm{rank}(\boldsymbol{X}_{(i)}) \qquad (2\text{-}8)$$

这说明，只要合理选取 w_i，传统加权秩和形式正则与所提出的模型的第二项十分相似。反过来，式 (2-8) 也提供了一种 w_i 的选取方式，从直观上看，这种加权方式更加确定和合理：低秩性强的方向需要更大的权重，低秩性弱的方向需要更小的权重。

由于式 (2-7) 中涉及的 l_0 范数与核范数都是离散的度量，直接利用它们进行建模将带来很大的计算困难，因此，有必要对它们进行合理松弛。许多研究表明，log-sum 范数对 l_0 范数与核范数进行松弛十分合理且便于计算[23,54-56]。因此，本节利用 log-sum 范数将所提出的度量式 (2-7) 松

弛为

$$S^*(\mathcal{X}) = tP_{ls}(\mathcal{S}) + (1-t)\prod_{j=1}^{N} P_{ls}^*\left(\boldsymbol{X}_{(j)}\right) \qquad (2\text{-}9)$$

其中

$$P_{ls}(\mathcal{A}) = \sum_{i_1,\ldots,i_N} \left(\log(|a_{i_1,\ldots,i_N}| + \varepsilon) - \log(\varepsilon)\right)/\left(-\log(\varepsilon)\right),$$

$$P_{ls}^*(\boldsymbol{A}) = \sum_{m} \left(\log\left(\sigma_m(\boldsymbol{A}) + \varepsilon\right) - \log(\varepsilon)\right)/\left(-\log(\varepsilon)\right)$$

这两项都是带归一化的 log-sum 范数形式（这里，我们将 log-sum 范数平移到 $[0, +\infty)$，且通过 $-\log(\varepsilon)$ 进行放缩，使其更接近 l_0 与核范数），ε 是小值的正常数，$\sigma_m(\boldsymbol{A})$ 表示 $\boldsymbol{A}$ 的第 m 个奇异值。

2.5 KBR 高阶稀疏性度量

在本节中，我们首先介绍 KBR 稀疏正则最小二乘模型的一般求解方法；其次给出通过 KBR 稀疏性度量建立的两个张量恢复模型：基于 KBR 稀疏性度量的张量填充和基于 KBR 稀疏性度量的稳健主成分分析；最后我们将介绍 KBR 稀疏正则最小二乘模型在经典张量去噪问题中的应用。

2.5.1　KBR 稀疏正则最小二乘问题

最一般形式的正则最小二乘问题为

$$\min_{\mathcal{X}} S(\mathcal{X}) + \frac{\beta}{2} \|\mathcal{Y} - \mathcal{X}\|_F^2 \tag{2-10}$$

其中，$\mathcal{Y}$ 是观测数据，$\mathcal{X}$ 是待恢复张量。将所提出的稀疏性度量的松弛形式 (2-9) 代入上式可得

$$\min_{\mathcal{X}} P_{ls}(\mathcal{S}) + \lambda \prod_{j=1}^{N} P_{ls}^*\left(\boldsymbol{X}_{(j)}\right) + \frac{\beta}{2} \|\mathcal{Y} - \mathcal{X}\|_F^2 \tag{2-11}$$

其中，$\lambda = \frac{1-t}{t}$ 和 β 是损失项的权重参数。

我们采用交替乘子法 (ADMM)[57-58] 来求解问题 (2-11)。首先，我们引入 N 个张量 $\mathcal{M}_j$ $(j = 1, 2, \cdots, N)$ 作为辅助变量，且把问题 (2-11) 重新写为

$$\min_{\mathcal{S}, \mathcal{M}_j, \boldsymbol{U}_j} P_{ls}(\mathcal{S}) + \lambda \prod_{j=1}^{N} P_{ls}^*\left(\boldsymbol{M}_{j(j)}\right) +$$

$$\frac{\beta}{2} \|\mathcal{Y} - \mathcal{S} \times_1 \boldsymbol{U}_1 \times \cdots \times_N \boldsymbol{U}_N\|_F^2, \tag{2-12}$$

$$\text{s.t. } \mathcal{S} \times_1 \boldsymbol{U}_1 \times \cdots \times_N \boldsymbol{U}_N - \mathcal{M}_j = 0,$$

$$\boldsymbol{U}_j^{\mathrm{T}} \boldsymbol{U}_j = I, \quad j = 1, 2, \cdots, N$$

其中，$\boldsymbol{M}_{j(j)} = \mathrm{unfold}_j(\mathcal{M}_j)$。那么，对应的增广拉格朗日函数为

$$L_\mu(\mathcal{S}, \mathcal{M}_1, \cdots, \mathcal{M}_N, \boldsymbol{U}_1, \cdots, \boldsymbol{U}_N, \mathcal{P}_1, \cdots, \mathcal{P}_N)$$

$$= P_{ls}(\mathcal{S}) + \lambda \prod_{j=1}^{N} P_{ls}^*\left(\boldsymbol{M}_{j(j)}\right) +$$

$$\frac{\beta}{2} \left\| \mathcal{Y} - \mathcal{S} \times_1 \boldsymbol{U}_1 \times \cdots \times_N \boldsymbol{U}_N \right\|_F^2 +$$

$$\sum_{j=1}^{N} \langle \mathcal{S} \times_1 \boldsymbol{U}_1 \times \cdots \times_N \boldsymbol{U}_N - \mathcal{M}_j, \mathcal{P}_j \rangle +$$

$$\sum_{j=1}^{N} \frac{\mu}{2} \left\| \mathcal{S} \times_1 \boldsymbol{U}_1 \times \cdots \times_N \boldsymbol{U}_N - \mathcal{M}_j \right\|_F^2$$

其中，$\mathcal{P}_j$ 是拉格朗日乘子，μ 是一个正常数，$\boldsymbol{U}_j$ 满足 $\boldsymbol{U}_j^{\mathrm{T}} \boldsymbol{U}_j = I, \forall j = 1, 2, \cdots, N$。下面我们用交替乘子法的框架来求解这个问题。

当固定其他变量时，可以通过求解 $\min_{\mathcal{S}} L_\mu(\mathcal{S}, \mathcal{M}_1, \cdots, \mathcal{M}_N, \boldsymbol{U}_1, \cdots, \boldsymbol{U}_N, \mathcal{P}_1, \cdots, \mathcal{P}_N)$ 更新 $\mathcal{S}$，即

$$\min_{\mathcal{S}} b P_{ls}(\mathcal{S}) + \frac{1}{2} \left\| \mathcal{S} \times_1 \boldsymbol{U}_1 \times \cdots \times_N \boldsymbol{U}_N - \mathcal{O} \right\|_F^2 \qquad (2\text{-}13)$$

其中，$b = \dfrac{1}{\beta + N\mu}$，$\mathcal{O} = \dfrac{\beta \mathcal{Y} + \sum_j (\mu \mathcal{M}_j - \mathcal{P}_j)}{\beta + N\mu}$。因为对任意的张量 $\mathcal{D}$ 和正交阵 $\boldsymbol{V}$，

$$\left\| \mathcal{D} \times_n \boldsymbol{V} \right\|_F^2 = \left\| \mathcal{D} \right\|_F^2 \qquad (2\text{-}14)$$

所以式 (2-13) 可以转化为如下问题：

$$\min_{\mathcal{S}} b P_{ls}(\mathcal{S}) + \frac{1}{2} \left\| \mathcal{S} - \mathcal{Q} \right\|_F^2 \qquad (2\text{-}15)$$

其中，$\mathcal{Q} = \mathcal{O} \times_1 \boldsymbol{U}_1^{\mathrm{T}} \times \cdots \times_N \boldsymbol{U}_N^{\mathrm{T}}$。而问题 (2-15) 有如下的闭合解[59]：

$$\mathcal{S}^+ = \mathrm{D}_{b,\varepsilon}(\mathcal{Q}) \tag{2-16}$$

这里 $\mathrm{D}_{b,\varepsilon}(\cdot)$ 是一个阈值算子，它的定义如下：

$$\mathrm{D}_{b,\varepsilon}(x) = \begin{cases} 0 & \text{若} \quad |x| \leqslant 2\sqrt{c_0 b} - \varepsilon \\ \mathrm{sign}(x) \left(\frac{c_1(x)+c_2(x)}{2} \right) & \text{若} \quad |x| > 2\sqrt{c_0 b} - \varepsilon \end{cases} \tag{2-17}$$

其中，$c_0 = \dfrac{-1}{\log(\varepsilon)}$, $c_1(x) = |x| - \varepsilon$, $c_2(x) = \sqrt{(|x|+\varepsilon)^2 - 4c_0 b}$。

当固定 $\boldsymbol{U}_j (j \neq k)$ 及其他变量时，可以通过求解 $\min_{\boldsymbol{U}_k}$ $L_\mu(\mathcal{S}, \mathcal{M}_1, \cdots, \mathcal{M}_N, \boldsymbol{U}_1, \cdots, \boldsymbol{U}_N, \mathcal{P}_1, \cdots, \mathcal{P}_N)$ 更新 $\boldsymbol{U}_k$ $(1 \leqslant k \leqslant N)$，即

$$\min_{\boldsymbol{U}_k^{\mathrm{T}} \boldsymbol{U}_k = \boldsymbol{I}} \| \mathcal{S} \times_1 \boldsymbol{U}_1 \times \cdots \times_N \boldsymbol{U}_N - \mathcal{O} \|_F^2 \tag{2-18}$$

结合式 (2-14) 和下式：

$$\mathcal{B} = \mathcal{D} \times_n \boldsymbol{V} \iff \mathcal{B}_{(n)} = \boldsymbol{V} \mathcal{D}_{(n)} \tag{2-19}$$

可以推出式 (2-18) 可以等价变换为

$$\max_{\boldsymbol{U}_k^{\mathrm{T}} \boldsymbol{U}_k = \boldsymbol{I}} \langle \boldsymbol{A}_k, \boldsymbol{U}_k \rangle \tag{2-20}$$

其中，$\boldsymbol{A}_k = \mathcal{O}_{(k)} \left(\mathrm{unfold}_k \left(\mathcal{S} \bar{\times}_{-k} \{\boldsymbol{U}_i\}_{i=1}^N \right) \right)^{\mathrm{T}}$。这里，我们先给出如下定理：

定理 2.1 $\forall \boldsymbol{A} \in \mathbf{R}^{m \times n}$，下面的问题

$$\max_{\boldsymbol{U}^{\mathrm{T}} \boldsymbol{U} = \boldsymbol{I}} \langle \boldsymbol{A}, \boldsymbol{U} \rangle \tag{2-21}$$

有闭式解 $\hat{U} = BC^{\mathrm{T}}$, 其中 $A = BDC^{\mathrm{T}}$ 是 A 的奇异值分解。 □

定理的证明可以参见附录。根据这个定理，我们易得式 (2-20) 的解为

$$U_k^+ = B_k C_k{}^{\mathrm{T}} \tag{2-22}$$

其中，$A_k = B_k D C_k^{\mathrm{T}}$ 是 A_k 的奇异值分解。

当固定 $\mathcal{M}_j(j \neq k)$ 和其他变量时，可以通过求解如下问题来更新 $\mathcal{M}_k$：

$$\min_{\mathcal{M}_k} a_k P_{ls}^* \left(M_{k(k)} \right) + \frac{1}{2} \| \mathcal{L} + \frac{1}{\mu} \mathcal{P}_k - \mathcal{M}_k \|_F^2 \tag{2-23}$$

其中，$a_k = \left(\dfrac{\lambda}{\mu} \prod_{j \neq k} P_{ls}^* \left(M_{j(j)} \right) \right)$ 且 $\mathcal{L} = \mathcal{S} \times_1 U_1 \times \cdots \times_N U_N$。[56] 已经证明了式 (2-23) 的闭式解如下：

$$\mathcal{M}_k^+ = \mathrm{fold}_k \left(V_1 \sum_{a_k} V_2^{\mathrm{T}} \right) \tag{2-24}$$

其中，$V_1 \mathrm{diag}(\sigma_1, \sigma_2, \cdots, \sigma_n) V_2^{\mathrm{T}}$ 是矩阵 $\mathrm{unfold}_k \left(\mathcal{L} + \dfrac{1}{\mu} \mathcal{P}_k \right)$ 的奇异值分解，而 $\sum_{a_k}$ 的取值为 $\mathrm{diag}(\mathrm{D}_{a_k,\varepsilon}(\sigma_1), \mathrm{D}_{a_k,\varepsilon}(\sigma_2), \cdots, \mathrm{D}_{a_k,\varepsilon}(\sigma_n))$。

完整的求解算法可以总结为算法 2-1。由于所提出的模型是非凸的，所以算法的收敛性分析十分困难。这里，我们仍然可以给出如下理论结果：

算法 2-1 KBR 稀疏正则最小二乘问题的求解

输入: 观测张量 $\mathcal{Y}$

1   通过 $\mathcal{Y}$ 的高阶 SVD 初始化 $U_1^{(0)}, \cdots, U_N^{(0)}$ 和 $\mathcal{S}^{(0)}$, 令
    $\mathcal{M}_k^{(0)} = \mathcal{Y}, \forall k = 1, 2, \cdots, N, l = 1, \rho > 1, \mu^{(0)} > 0$

2 **while** 不收敛 **do**

3   通过式 (2-16) 更新 $\mathcal{S}^{(l)}$;

4   通过式 (2-22) 更新 $U_k^{(l)}$;

5   通过式 (2-24) 更新 $\mathcal{M}_k^{(l)}$;

6   更新乘子 $\mathcal{P}_k^{(l)} = \mathcal{P}_k^{(l-1)} + \mu^{(l)} \left(\mathcal{L} - \mathcal{M}_k^{(l-1)} \right)$

7   令 $\mu^{(l)} = \rho\mu^{(l-1)}; l = l + 1$

8 **end while**

输出: $\mathcal{X} = \mathcal{S}^{(l)} \times_1 U_1^{(l)} \times \cdots \times_N U_N^{(l)}$

定理 2.2 对于算法 2-1 得到的点列 $\{\mathcal{S}^{(l)}\}$、$\{\mathcal{M}_k^{(l)}\}$ 和 $\{U_k^{(l)}\}, k = 1, 2, \cdots, N$, 令 $\mathcal{X}^{(l)} = \mathcal{S}^{(l)} \times_1 U_1^{(l)} \times_2 U_2^{(l)} \times \cdots \times_N U_N^{(l)}, \{\mathcal{M}_k^{(l)}\}$, 那么 $\{\mathcal{X}^{(l)}\}$ 满足

$$\begin{aligned} \left\| \mathcal{X}^{(l)} - \mathcal{M}_k^{(l)} \right\|_F &= O\left(\mu^{(0)} \rho^{-l/2} \right), \\ \left\| \mathcal{X}^{(l+1)} - \mathcal{X}^{(l)} \right\|_F &= O\left(\mu^{(0)} \rho^{-l/2} \right) \end{aligned} \tag{2-25}$$

$\square$

    定理的证明也请见附录。通过这个定理可知, 随着算法的迭代, 问题的等式约束趋近于满足。同时, $\boldsymbol{X}^{(l)}$ 的变化率随着算法的迭代将趋近于 0。因此, 我们可以设置 $\boldsymbol{X}^{(l)}$ 的变化小于 θ 为算法的终止条件。此时, 定理保证算法在 $T = O(\log(\mu^{(0)}/\theta)/\log(\rho))$ 步迭代内终止。

2.5.2　KBR 稀疏正则的张量填充问题

张量填充的目标在于从目标张量的部分观测中恢复完整的张量，该问题在高光谱图像恢复与视频修复等许多图像处理和模式识别问题中起着重要作用[60-61]。一般形式的张量填充模型如下：

$$\min_{\mathcal{X}} S(\mathcal{X}) \quad \text{s.t.} \quad \mathcal{X}_\Omega = \mathcal{T}_\Omega \tag{2-26}$$

其中，$\mathcal{X}$ 和 $\mathcal{T} \in \mathbf{R}^{I_1 \times I_2 \times \cdots \times I_N}$ 分别是待恢复张量与观测张量。张量 $\mathcal{T}$ 中指标属于 Ω 集合的元素是可以观测到的，其他的元素是缺失的；$S(\cdot)$ 表示这里使用的正则项。

通过使用所提出的张量稀疏性度量 (2-9)，可以获得如下张量填充模型：

$$\min_{\mathcal{X}} P_{ls}(\mathcal{S}) + \lambda \prod_{j=1}^{N} P_{ls}^*\left(\boldsymbol{X}_{(j)}\right) \quad \text{s.t.} \quad \mathcal{X}_\Omega = \mathcal{T}_\Omega \tag{2-27}$$

与上文的 KBR 稀疏正则最小二乘问题相似，我们可以用交替乘子法来求解式 (2-27)。首先我们引入 N 个辅助张量 $\mathcal{M}_j$ $(j = 1, 2, \cdots, N)$，并将式 (2-27) 等价转化为如下问题：

$$\min_{\mathcal{S}, \mathcal{M}_j, \boldsymbol{U}_j^{\mathrm{T}} \boldsymbol{U}_j = I} P_{ls}(\mathcal{S}) + \lambda \prod_{j=1}^{N} P_{ls}^*\left(\boldsymbol{M}_{j(j)}\right)$$

$$\text{s.t.} \quad \mathcal{X} - \mathcal{S} \times_1 \boldsymbol{U}_1 \times \cdots \times_N \boldsymbol{U}_N = 0,$$

$$\mathcal{X}_\Omega - \mathcal{T}_\Omega = 0, \quad \mathcal{X} - \mathcal{M}_j = 0, \quad j = 1, 2, \cdots, N_\circ$$

对应的增广拉格朗日函数如下:

$$L_\mu(\mathcal{S}, \mathcal{M}_1, \cdots, \mathcal{M}_N, \boldsymbol{U}_1, \cdots, \boldsymbol{U}_N, \mathcal{X}, \mathcal{P}^x, \mathcal{P}^t, \mathcal{P}_1^m, \cdots, \mathcal{P}_N^m)$$

$$= P_{ls}(\mathcal{S}) + \lambda \prod_{j=1}^N P_{ls}^*(\boldsymbol{M}_{j(j)}) + \langle \mathcal{X} - \mathcal{S} \times_1 \boldsymbol{U}_1 \times \cdots \times_N \boldsymbol{U}_N, \mathcal{P}^x \rangle +$$

$$\frac{\mu}{2} \|\mathcal{X} - \mathcal{S} \times_1 \boldsymbol{U}_1 \times \cdots \times_N \boldsymbol{U}_N\|_F^2 + \sum_{j=1}^N \langle \mathcal{X} - \mathcal{M}_j, \mathcal{P}_j^m \rangle +$$

$$\sum_{j=1}^N \frac{\mu}{2} \|\mathcal{X} - \mathcal{M}_j\|_F^2 + \langle \mathcal{X}_\Omega - \mathcal{T}_\Omega, \mathcal{P}_\Omega^t \rangle + \frac{\mu}{2} \|\mathcal{X}_\Omega - \mathcal{T}_\Omega\|_F^2$$

其中，$\mathcal{P}^x$、$\mathcal{P}^t$ 和 $\mathcal{P}_j^m(j = 1, 2, \cdots, N)$ 为拉格朗日乘子，μ 是一个正常数，$\boldsymbol{U}_j$ 满足 $\boldsymbol{U}_j^{\mathrm{T}} \boldsymbol{U}_j = I$，$\forall j = 1, 2, \cdots, N$。接下来我们采用如下步骤来更新变量。

当其他变量固定时，可以通过求解类似式 (2-15) 的子问题来更新 $\mathcal{S}$。容易算得，$\mathcal{S}$ 有如下显式更新公式:

$$\mathcal{S}^+ = \mathrm{D}_{b,\varepsilon}\left((\mathcal{X} + \mu^{-1} \mathcal{P}^x) \times \boldsymbol{U}_1^{\mathrm{T}} \times \cdots \times_N \boldsymbol{U}_N^{\mathrm{T}}\right) \qquad (2\text{-}28)$$

其中，$b = \dfrac{1}{\mu}$。

当其他变量固定时，通过与式 (2-22) 类似的推导方式，可以得到 $\boldsymbol{U}_k$ 的显式更新公式如下:

$$\boldsymbol{U}_k^+ = \boldsymbol{B}_k \boldsymbol{C}_k^{\mathrm{T}} \qquad (2\text{-}29)$$

其中，$\boldsymbol{A}_k = \boldsymbol{B}_k \boldsymbol{D} \boldsymbol{C}_k^{\mathrm{T}}$ 是 $\boldsymbol{A}_k$ 的奇异值分解，且

$$\boldsymbol{A}_k = \mathrm{unfold}_k\left(\mathcal{X} + \mu^{-1} \mathcal{P}^x\right) \mathrm{unfold}_k\left(\mathcal{S} \bar{\times}_{-k} \{U_j\}_{j=1}^N\right)^{\mathrm{T}}$$

当其他变量固定时，通过与式 (2-24) 类似的推导方式，我们可以得到 $\mathcal{M}_k$ 的显式更新公式如下：

$$\mathcal{M}_k^+ = \text{fold}_k\left(\boldsymbol{V}_1 \sum_{a_k} \boldsymbol{V}_2^{\mathrm{T}}\right) \tag{2-30}$$

其中，$\sum_{a_k} = \text{diag}\left(\text{D}_{a_k,\varepsilon}(\sigma_1), \text{D}_{a_k,\varepsilon}(\sigma_2), \cdots, \text{D}_{a_k,\varepsilon}(\sigma_n)\right)$ 且 $\boldsymbol{V}_1 \text{diag}(\sigma_1, \cdots, \sigma_n)\boldsymbol{V}_2^{\mathrm{T}}$ 是展开矩阵 $\text{unfold}_k\left(\mathcal{X} + \mu^{-1}\mathcal{P}_k^m\right)$ 奇异值分解的结果，$a_k = \left(\frac{\lambda}{\mu}\prod_{j\neq k} P_{ls}^*\left(\boldsymbol{M}_{j(j)}\right)\right)$。

当固定其他参数时，$\mathcal{X}$ 可以通过最小化增广拉格朗日函数更新，即求解如下子问题：

$$\min_{\mathcal{X}} \left\|\mathcal{X} - \frac{1}{(N+1)\mu}\left(\mu\mathcal{L} - \mathcal{P}^x + \sum_j\left(\mu\mathcal{M}_j - \mathcal{P}_j^m\right)\right)\right\|_F^2 +$$
$$\frac{1}{N+1}\left\|\mathcal{X}_\Omega + \mu^{-1}\mathcal{P}_\Omega^t - \mathcal{T}_\Omega\right\|_F^2$$
$$\tag{2-31}$$

其中，$\mathcal{L} = \mathcal{S}\times_1 \boldsymbol{U}_1\times\cdots\times_N \boldsymbol{U}_N$。它的显式解为

$$\begin{cases}\mathcal{X}_{\Omega^\perp}^+ = \dfrac{1}{(N+1)\mu}\left(\mu\mathcal{L} - \mathcal{P}^x + \sum_j\left(\mu\mathcal{M}_j - \mathcal{P}_j^m\right)\right)_{\Omega^\perp} \\[2ex] \mathcal{X}_\Omega^+ = \dfrac{1}{(N+2)\mu}\left(\mu\mathcal{L} - \mathcal{P}^x + \mu\mathcal{T} - \mathcal{P}^t + \sum_j\left(\mu\mathcal{M}_j - \mathcal{P}_j^m\right)\right)_\Omega\end{cases}$$
$$\tag{2-32}$$

其中，$\Omega^\perp$ 表示 Ω 的补集。

完整的求解算法见算法 2-2，我们将其简记为 KBR-TC。

算法 2-2 KBR 稀疏正则张量填充问题的求解

输入: 观测张量 $\mathcal{T}$ 与 Ω

1   初始化 $\mathcal{X}_\Omega^{(0)} = \mathcal{T}_\Omega$, $\mathcal{X}_{\Omega^\perp}^{(0)} = \text{mean}(\mathcal{T}_\Omega)$, $\mathcal{M}_k^{(0)} = \mathcal{X}^{(0)}$, 并通过 $\mathcal{X}^0$ 的高阶 SVD 分解初始化 $\mathcal{S}^{(0)}$ 和 $U_1^{(0)}, \cdots, U_N^{(0)}$, $\forall k = 1, 2, \cdots, N$, $l = 1$, $\rho > 1$, $\mu^{(0)} > 0$

2   **while** 不收敛 **do**

3   通过式 (2-28) 更新 $\mathcal{S}^{(l)}$;

4   通过式 (2-29) 更新 $U_k^{(l)}$, $k = 1, 2, \cdots, N$;

5   通过式 (2-30) 更新 $\mathcal{M}_k^{(l)}$, $k = 1, 2, \cdots, N$;

6   通过式 (2-32) 更新 $\mathcal{X}^{(l)}$;

7   更新乘子 $\mathcal{P}_k^{(l)} = \mathcal{P}_k^{(l-1)} + \mu^{(l)}(\mathcal{L} - \mathcal{M}_k^{(l-1)})$;

8   令 $\mu^{(l)} = \rho\mu^{(l-1)}$; $l = l + 1$;

9   **end while**

输出: $\mathcal{X} = \mathcal{S}^{(l)} \times_1 U_1^{(l)} \times \cdots \times_N U_N^{(l)}$

2.5.3   KBR 稀疏正则的张量稳健主成分分析

张量稳健主成分分析(Tensor Robust PCA,TRPCA)的目标在于从混有一阶稀疏噪声(离群值)的观测中恢复具有高阶稀疏性的原始张量,即

$$\mathcal{T} = \mathcal{L} + \mathcal{E} \tag{2-33}$$

其中,$\mathcal{L}$ 是待求张量,$\mathcal{E}$ 是数据中混入的稀疏噪声。通过使用所提出的 KBR 高阶稀疏性度量,我们可以建立如下 TRPCA 模型:

$$\min_{\mathcal{L},\mathcal{E}} S(\mathcal{L}) + \beta\|\mathcal{E}\|_1, \text{ s.t. } \mathcal{T} = \mathcal{L} + \mathcal{E} \tag{2-34}$$

其中，β 是噪声正则与数据正则之间的权重参数。

在现实情况中，观测数据往往还混有一定量的非稀疏噪声[62]，因此，更一般化的数据生成模型可以假设如下：

$$\mathcal{T} = \mathcal{L} + \mathcal{E} + \mathcal{N} \tag{2-35}$$

其中，$\mathcal{N}$ 表示数据混入的非稀疏噪声。针对该问题，我们可以建立如下的 KBR-RPCA 模型：

$$\min_{\mathcal{L},\mathcal{E},\mathcal{N}} P_{ls}(\mathcal{S}) + \lambda \prod_{j=1}^{N} P_{ls}^{*}\left(L_{(j)}\right) + \beta\|\mathcal{E}\|_1 + \frac{\gamma}{2}\|\mathcal{T} - \mathcal{L} - \mathcal{E}\|_F^2 \tag{2-36}$$

其中，$\mathcal{L} = \mathcal{S} \times_1 \boldsymbol{U}_1 \times \cdots \times_N \boldsymbol{U}_N$ 是 $\mathcal{L}$ 的 Tucker 分解。

我们依然可以使用交替乘子法来求解式 (2-36)。首先，我们引入 N 个辅助张量 $\mathcal{M}_j \ (j = 1, 2, \cdots, N)$，并将问题 (2-36) 等价地转化为

$$\min_{\mathcal{S}, \mathcal{M}_j, \boldsymbol{U}_j^{\mathrm{T}} \boldsymbol{U}_j = I} P_{ls}(\mathcal{S}) + \lambda \prod_{j=1}^{N} P_{ls}^{*}\left(\boldsymbol{M}_{j(j)}\right) + \beta\|\mathcal{E}\|_1 +$$
$$\frac{\gamma}{2}\|\mathcal{S} \times_1 \boldsymbol{U}_1 \times \cdots \times_N \boldsymbol{U}_N + \mathcal{E} - \mathcal{T}\|_F^2 \tag{2-37}$$
$$\mathrm{s.t.} \ \mathcal{S} \times_1 \boldsymbol{U}_1 \times \cdots \times_N \boldsymbol{U}_N - \mathcal{M}_j = 0,$$
$$\forall j = 1, 2, \cdots, N$$

那么，对应的增广拉格朗日函数为

$$L_\mu(\mathcal{S}, \mathcal{M}_1, \cdots, \mathcal{M}_N, \boldsymbol{U}_1, \cdots, \boldsymbol{U}_N, \mathcal{E}, \mathcal{P}_1, \cdots, \mathcal{P}_N) = P_{ls}(\mathcal{S}) +$$

$$\lambda \prod_{j=1}^{N} P_{ls}^*(\boldsymbol{M}_{j(j)}) + \beta \|\mathcal{E}\|_1 + \frac{\gamma}{2} \|\mathcal{S} \times_1 \boldsymbol{U}_1 \times \cdots \times_N \boldsymbol{U}_N + \mathcal{E} - \mathcal{T}\|_F^2 +$$

$$\sum_{j=1}^{N} \langle \mathcal{S} \times_1 \boldsymbol{U}_1 \times \cdots \times_N \boldsymbol{U}_N - \mathcal{M}_j, \mathcal{P}_j \rangle +$$

$$\sum_{j=1}^{N} \frac{\mu}{2} \|\mathcal{S} \times_1 \boldsymbol{U}_1 \times \cdots \times_N \boldsymbol{U}_N - \mathcal{M}_j\|_F^2$$

其中，$\mathcal{P}_j$ 是拉格朗日乘子，μ 是一个正常数，$\boldsymbol{U}_j$ 满足 $\boldsymbol{U}_j^{\mathrm{T}} \boldsymbol{U}_j = I, \forall j = 1, 2, \cdots, N$。接下来，我们可以通过交替乘子法的框架来交替更新所有变量。

当固定其他参数时，可以通过求解类似式 (2-15) 的子问题来更新 $\mathcal{S}$，对应的显式形式的解为

$$\mathcal{S}^+ = \mathrm{D}_{b,\varepsilon}(\mathcal{Q}) \tag{2-38}$$

其中，$b = \dfrac{1}{\gamma + N\mu}$，$\mathcal{Q} = \mathcal{O} \times_1 \boldsymbol{U}_1^{\mathrm{T}} \times \cdots \times_N \boldsymbol{U}_N^{\mathrm{T}}$，$\mathcal{O} = \dfrac{\gamma(\mathcal{T} - \mathcal{E}) + \sum_j (\mu \mathcal{M}_j - \mathcal{P}_j)}{\gamma + N\mu}$。

当固定其他参数时，通过与式 (2-22) 类似的推导方式，我们可以得到 $\boldsymbol{U}_k$ 的显式更新公式

$$\boldsymbol{U}_k^+ = \boldsymbol{B}_k \boldsymbol{C}_k^{\mathrm{T}} \tag{2-39}$$

其中，$\boldsymbol{A}_k = \boldsymbol{B}_k \boldsymbol{D} \boldsymbol{C}_k^{\mathrm{T}}$ 是 $\boldsymbol{A}_k$ 的奇异值分解，$\boldsymbol{A}_k = \mathcal{O}_{(k)} \left(\mathrm{unfold}_k \left(\mathcal{S} \bar{\times}_{-k} \{\boldsymbol{U}_i\}_{i=1}^N\right)\right)^{\mathrm{T}}$。

当固定其他参数时，通过与式 (2-24) 类似的推导方式，我们可以得到 $\mathcal{M}_k$ 的显式更新公式如下：

$$\mathcal{M}_k^+ = \mathrm{fold}_k\left(\boldsymbol{V}_1 \sum_{a_k} \boldsymbol{V}_2^{\mathrm{T}}\right) \tag{2-40}$$

其中，$\sum_{a_k} = \mathrm{diag}\left(\mathrm{D}_{a_k,\varepsilon}(\sigma_1), \mathrm{D}_{a_k,\varepsilon}(\sigma_2), \cdots, \mathrm{D}_{a_k,\varepsilon}(\sigma_n)\right)$，$V_1$ $\mathrm{diag}(\sigma_1, \cdots, \sigma_n)V_2^{\mathrm{T}}$ 是

$$\mathrm{unfold}_k\left(\mathcal{S} \times_1 \boldsymbol{U}_1 \times \cdots \times_N \boldsymbol{U}_N + \mu^{-1}\mathcal{P}_k\right)$$

的奇异值分解，且 $a_k = \left(\dfrac{\lambda}{\mu}\prod_{j\neq k} P_{ls}^*\left(\boldsymbol{M}_{j(j)}\right)\right)$。

当固定其他参数时，可以通过求解增广拉格朗日函数关于 $\mathcal{E}$ 的最小化问题来更新 $\mathcal{E}$，即

$$\min_{\mathcal{E}} \beta\|\mathcal{E}\|_1 + \frac{\gamma}{2}\|\mathcal{S} \times_1 \boldsymbol{U}_1 \times \cdots \times_N \boldsymbol{U}_N + \mathcal{E} - \mathcal{T}\|_F^2 \tag{2-41}$$

容易推出，其闭式解为[63]

$$\mathcal{E}^+ = \mathrm{S}_{\frac{\beta}{\gamma}}(\mathcal{T} - \mathcal{S} \times_1 \boldsymbol{U}_1 \times \cdots \times_N \boldsymbol{U}_N) \tag{2-42}$$

其中 $\mathrm{S}_\tau(\cdot)$ 表示软阈值算子，其定义为

$$\mathrm{S}_\tau(x) = \begin{cases} 0 & \text{若} \quad |x| \leqslant \tau \\ \mathrm{sign}(x)\left(|x| - \tau\right) & \text{若} \quad |x| > \tau \end{cases} \tag{2-43}$$

综上所述，KBR 稀疏正则的张量稳健主成分分析的完整算法见算法 2-3，我们将这个方法简记为 KBR-RPCA。

算法 2-3 KBR 稀疏正则的张量稳健主成分分析

输入： 观测张量 $\mathcal{T}$

1　通过 $\mathcal{T}$ 的高阶 SVD 初始化 $U_1^{(0)},\cdots,U_N^{(0)}$ 和 $\mathcal{S}^{(0)}$，令
　　$\mathcal{M}_k^{(0)} = \mathcal{T}, \forall k = 1, 2, \cdots, N, \mathcal{E} = 0, l = 1, \rho > 1, \mu^{(0)} > 0$

2　**while** 不收敛 **do**

3　　通过式 (2-38) 更新 $\mathcal{S}^{(l)}$；

4　　通过式 (2-39) 更新 $U_k^{(l)}$，$k = 1, 2, \cdots, N$；

5　　通过式 (2-40) 更新 $\mathcal{M}_k^{(l)}$，$k = 1, 2, \cdots, N$；

6　　通过式 (2-42) 更新 $\mathcal{E}^{(l)}$；

7　　更新乘子：$\mathcal{P}_k^{(l)} = \mathcal{P}^{(l-1)} + \mu^{(l)}(\mathcal{L} - \mathcal{M}_k^{(l-1)})$

8　　令 $\mu^{(l)} = \rho\mu^{(l-1)}$；$l = l + 1$

9　**end while**

输出： $\mathcal{L} = \mathcal{S}^{(l)} \times_1 U_1^{(l)} \times \cdots \times_N U_N^{(l)}$，$\mathcal{E}$ 和 $\mathcal{N} = \mathcal{T} - \mathcal{L} - \mathcal{E}^{(l)}$

2.5.4　KBR 稀疏正则最小二乘在高光谱图像去噪问题中的应用

在本小节中，我们在高光谱图像去噪问题中应用 KBR 稀疏正则最小二乘模型。

在高光谱图像去噪过程中，最关键的问题在于如何充分刻画待恢复图像的先验特征。其中，最有效的两个先验特征为光谱相关性与空间非局部自相关性。高光谱图像的光谱相关性指同一个拍摄对象的不同谱段之间存在很高的相关性。由于被拍摄物的组成元素有限，导致对应的基底光谱也有限，而高光谱图像有上百个光谱，这说明光谱信息上有很高的冗余，这就是光谱相关性的成因。高光谱图像的空间非局部自相关性来自自然图像的共有属性：对于任意一个图像小块，往往能够在图像中找到若干与其十分相似的图像小块。许多前人的研究表明，充分利用这两种先验结构对高光谱图像去噪有很大的帮助[9,64-66]。

虽然高光谱去噪问题已有许多研究，但是现有方法仍然没有同时且充分地利用光谱相关性与空间非局部自相关性。大部分研究只专注于刻画其中的一种先验结构。本书将利用高维稀疏性，同时对空间与光谱的两个结构先验进行充分刻画。所提出的方法的流程如图 2-4所示，对于一个高光谱图像，我们先通过全光谱的图像块（$p \times p \times S$ 的张量）进行匹配，为所有全光谱的图像块找到一个相似块组。

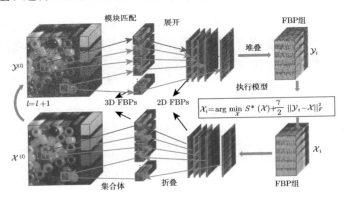

图 2-4　高光谱图像去噪新方法的流程

由于图像块自身的空间很小，自身的像素点在空间方向几乎不可能相关，因此我们把所有图像块的空间方向展开（成为 $p^2 \times S$ 的矩阵）。经过上面的操作后，我们可以把一个图像相似块组表示成一个 3 阶张量 $\mathcal{X}_i$，且容易看出高光谱图像的光谱相关性与空间非局部自相关性可以同时被 $\mathcal{X}_i$ 的高阶稀疏性充分刻画。对于一个带噪的高光谱图像，我们可以先找出其所有非局部相似块组，然后对每一个相似块组 $\mathcal{Y}_i$ 求解如下的 KBR 稀疏正则最小化问题进行去噪：

$$\mathcal{X}_i = \arg\min_{\mathcal{X}} S^*(\mathcal{X}) + \frac{\gamma}{2} \|\mathcal{Y}_i - \mathcal{X}\|_F^2 \qquad (2\text{-}44)$$

从前面的小节中可知，这个问题可以由算法 2-1 高效地求解。通过将所有 $\mathcal{X}_iS$ 按图 2-4 的方式重新拼合回完整的高光谱图像，我们就能对原高光谱图像进行去噪。在拼合的过程中，我们把因为相互覆盖而重复的像素点进行平均，并将上面的流程与现有方法类似的方法进行多次递进的重复以便进一步提升效果，完整的算法可见算法 2-4。我们将所提出的方法记为 KBR-denoising。

算法 2-4 KBR 高光谱图像去噪

输入： 带噪的高光谱图像 $\mathcal{Y}$

1　令 $\mathcal{X}^{(0)} = \mathcal{Y}$

2　**for** $l = 1 : L$ **do**

3　　计算 $\mathcal{Y}^{(l)} = \mathcal{X}^{(l-1)} + \delta\left(\mathcal{Y} - \mathcal{X}^{(l-1)}\right)$

4　　通过匹配得到所有非局部相似块组 $\{\mathcal{Y}_i\}_{i=1}^K$

5　　**for** $i = 1 : K$ **do**

6　　　对 $\mathcal{Y}_i$ 通过算法 2-1 求解式 (2-44)

7　　**end for**

8　　将 $\{\mathcal{X}_i\}_{i=1}^K$ 拼合，得到当前去噪结果 $\mathcal{X}^{(l)}$

9　**end for**

输出： 去噪结果 $\mathcal{X}^{(l)}$

2.6 实验结果

在本节中，我们将分别在高光谱图像去噪、高光谱图像填充和视频前景与背景分离等三个应用中评估和测试上节提出的三个模型。

2.6.1 高光谱图像去噪实验

我们首先在仿真数据与实际数据上测试所提出的 KBR 正则高光谱图像去噪模型的效果。

实验设置 所使用的对比方法包括 K-SVD[67] 和 BM3D[68]，它们代表当前将二维图像的去噪方法用于对高光谱图像的逐帧处理；3DK-SVD[69]、ANLM3D[70] 和 BM4D[71-72]，代表 2D 直接拓展而成的 3D 类型的方法；LRTA[73]、PARAFAC[74]、TDL[9], t-SVD[19]（使用与图 2-4相同的框架）和 Trace/TV[1] 代表基于张量直接处理的最新方法。这些方法中的参数都按对应的论文给出的建议进行设置。

我们使用四个图像质量评价指标对去噪的结果进行量化对比，包括 PSNR（peak signal-to-noise ratio）、SSIM[75]、FSIM[76] 和 ERGAS[77] (erreur relative globale adimensionnelle de synthèse)。其中，PSNR、SSIM 和 FSIM 这三个指标的值越高表示去噪的结果越好，而 ERGAS 的值越低表示去噪的结果越好。

仿真去噪实验 我们首先在 CAVE 数据集上进行实验。这个数据集由 32 个现实场景的高光谱图像数据组成，每个高光谱数据有 512×512 个空间像素和 31 个光谱谱段，光谱范围为 400~700nm。在本实验中，我们将数据的像素值标准化到 $[0,1]$ 的范围内。

我们通过加入方差为 v 的高斯噪声来生成仿真的带噪数据，其中 v 有 0.1、0.15、0.2、0.25、0.3 一共 5 个取值。基于经验，我们发现模型中的参数 λ 取在 $[0.1, 10]$ 范围内时，算法能取得较优的结果，因此在本实验中，我们统一设置 $\lambda = 10$。参数 β 与噪声的方差 v 相关，这里，我们设置 $\beta = cv^{-1}$，其中 c 取 10^{-3}。算法参数 ρ 和 μ 分别被设置为 1.05 和 250。

表 2-1 展示了不同噪声下 32 幅高光谱图像的平均去噪结果。从表中可以看出，所提出的方法在四个数值指标上都有远超前人方法的提升，特别是在 PSNR 上，有 1.5 dB 的提升。

图 2-5 展示了不同方法在图 "chart and stuffed toy" 的 400nm 和 700nm 两个谱段上的去噪结果。从图中可以看出，所提出的方法在细节的恢复与总体亮度的保持上都取得了超过前人方法的效果。特别是在图像较暗的区域，许多方法都已经失效，所提出的方法还能较好地对图像进行去噪。

表 2-1　11 个对比方法在 32 个数据与所有噪声设置下的平均数值
结果 (均值 + 方差)

模型	PSNR	SSIM	FSIM	ERGAS
带噪图像	14.59±3.38	0.06±0.05	0.47±0.15	1151.54±534.17
BwK-SVD	27.77±2.01	0.47±0.10	0.81±0.06	234.58±66.73
BwBM3D	34.00±3.39	0.86±0.06	0.92±0.03	116.91±42.76
3DK-SVD	30.31±2.23	0.69±0.06	0.89±0.03	176.58±43.78
LRTA	33.78±3.37	0.82±0.09	0.92±0.03	120.79±46.06
PARAFAC	31.35±3.42	0.72±0.12	0.89±0.04	160.66±66.95
ANLM3D	34.12±3.19	0.86±0.07	0.93±0.03	117.01±35.79
Trace/TV	32.30±3.02	0.82±0.08	0.91±0.03	140.25±44.15
TDL	35.71±3.09	0.87±0.07	0.93±0.04	96.21±34.36
BM4D	36.18±3.03	0.86±0.07	0.94±0.03	91.20±29.70
t-SVD	35.88±3.10	**0.91±0.04**	**0.96±0.02**	93.65 ± 31.68
KBR-denoising	**37.71±3.39**	**0.91±0.05**	**0.96±0.02**	**78.21±31.59**

真实数据实验　我们使用了真实的带噪数据集 HY-
DICE 进行真实数据的去噪实验。在数据集中, 原始的高
光谱图像数据的大小为 $304 \times 304 \times 210$。其中 76、100—
115、130—155 与 201—210 这些谱段受到很严重的破坏,
因此在实验中我们将它们去掉, 仅保留 $304 \times 304 \times 157$ 大
小的数据进行实验。同时, 我们将数据的像素点值标准化
到 $[0,1]$ 之间。由于噪声的强度是未知的, 所以我们估计
噪声的方差, 从而确定参数 β。λ、ρ、μ 等参数的设置与
上一个实验相同。

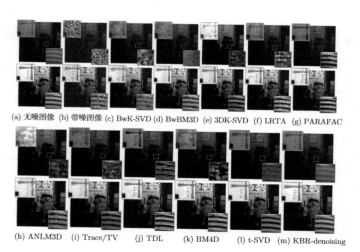

(a) 无噪图像 (b) 带噪图像 (c) BwK-SVD (d) BwBM3D (e) 3DK-SVD (f) LRTA (g) PARAFAC

(h) ANLM3D   (i) Trace/TV   (j) TDL   (k) BM4D   (l) t-SVD   (m) KBR-denoising

图 2-5　CAVE 数据实验可视化 (a) 为 "chart and stuffed toy" 的两个谱段（400nm 和 700nm）; (b) 为带噪图像的两个谱段，其中噪声的方差为 $v = 0.2$; (c)—(m) 为 11 个对比方法的去噪结果

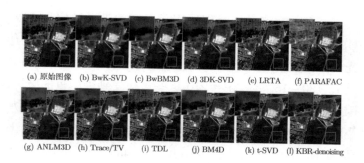

(a) 原始图像   (b) BwK-SVD   (c) BwBM3D   (d) 3DK-SVD   (e) LRTA   (f) PARAFAC

(g) ANLM3D   (h) Trace/TV   (i) TDL   (j) BM4D   (k) t-SVD   (l) KBR-denoising

图 2-6　HYDICE 数据实验结果可视化 (a)HYDICE 数据的第一个谱段; (b)—(l) 11 个对比方法的去噪结果

在图 2-6 中，我们展示了不同方法去噪结果的第一帧。可以看出前人方法的结果中有很多条状噪声没有去除，而所提出的方法可以在保持图像细节的同时，较好地去除数据中的条状与点状噪声。

2.6.2　基于 KBR-TC 的高光谱图像填充实验

在本节中，我们通过仿真数值实验与高光谱图像数据的填充实验验证所提出的 KBR-TC 方法有效性。

实验设置　本节使用的对比方法包括基于 AlmMC 算法的矩阵填充方法[80]、HaLRTC[14]、基于张量分解的张量填充 (TMac)[81]、联全迹范数与全变分范数的张量填充 (Trace/TV)[1]、基于 t-SVD 的张量填充[19]、基于 Mcp 范数的张量填充 (McpTC) 和基于 ScadTC 的张量填充[18]。这些对比方法涵盖了不同方式进行的最新张量填充方法。所提出的 KBR-TC 方法只有一个模型参数 λ，我们使用与上节一样的方法对它进行设置。

仿真实验　本书通过如下方式生成仿真数据。首先，利用 Tucker 分解模型，即 $\mathcal{T} = \mathcal{S} \times_1 U_1 \times_2 U_2 \times_3 U_3$，以便生成待求的稀疏张量。其中，核张量 $\mathcal{S} \in \mathbf{R}^{r_1 \times r_2 \times r_3}$ 是由高斯分布生成的，$U_i \in \mathbf{R}^{I_i \times r_i}$ 是随机的正交矩阵。其次，我们随机采样一部分数据作为观测数据，并将剩下的数据作为缺失数据。我们设 $I_i(i = 1, 2, 3)$ 为 50，因此，观测张量的大小为 $50 \times 50 \times 50$。对于各个方向的秩 r_i，我们考虑如下两种不同的设置：$(30, 30, 30)$ 和 $(10, 35, 40)$。其中，在前一

种设置下，目标张量沿各个方向秩相同，这是前人工作最常考虑的情形[14,82]；在后一种设置下，目标张量沿各个方向秩有很大的差异，这种情形在实际应用中十分常见。我们在 20%～40% 之间的采样率下进行实验。我们使用如下的常用指标来进行实验结果评价：relative reconstruction error(RRE)⊖。

表 2-2 是我们进行 20 次重复实验的平均结果。从表中可以看出所提出的方法相比于前人方法有较大的优势，且这种优势在各个方向的秩各不相同时更为明显。这验证了所提出的方法随各个方向秩变化的稳健性。

高光谱图像填充实验　我们仍然在 CAVE 数据上进行实验，并使用与上节相同的评价指标。所有图像的大小被调整到 256×256，且像素值被标准化到 $[0,1]$。我们在 5%～20% 之间的不同采样率下进行实验，并把参数 λ、ρ、μ 分别设置为 0.1、1.05、100。

表 2-3 展示了数据集中 32 个图像上的平均数值结果。从表中可以看出所提出的方法取得了显著超过前人工作的结果，PSNR 指标上甚至有 3db 的提升。

⊖　RRE 的定义为 $\frac{\|\mathcal{T}-\mathcal{X}\|_F}{\|\mathcal{T}\|_F}$，其中 $\mathcal{T}$ 和 $\mathcal{X}$ 分别表示真实结果与重构结果。

表2-2　7个张量填充方法在仿真数据上的平均 RRE 结果

Rank	(30, 30, 30)					(10, 35, 40)				
Noise Level	20%	25%	30%	35%	40%	20%	25%	30%	35%	40%
AlmMC	8.23e-01	7.66e-01	7.12e-01	6.53e-01	5.93e-01	5.67e-01	4.38e-01	3.07e-01	1.75e-01	6.33e-02
HaLRTC	8.95e-01	8.65e-01	8.37e-01	8.06e-01	7.75e-01	8.95e-01	8.66e-01	8.37e-01	8.06e-01	7.74e-01
Tmac	1.99e-01	4.39e-03	1.41e-04	3.39e-05	2.31e-05	9.06e-01	8.63e-01	8.11e-01	7.37e-01	6.35e-01
t-SVD	9.29e-01	8.79e-01	8.27e-01	7.69e-01	7.09e-01	8.46e-01	7.64e-01	6.69e-01	5.68e-01	4.62e-01
McpTC	3.79e-01	9.68e-05	7.55e-09	5.12e-09	4.16e-09	5.76e-01	2.10e-01	4.84e-03	3.50e-05	1.68e-07
ScadTC	**1.08e-01**	1.61e-04	1.22e-05	6.02e-09	4.48e-09	4.96e-01	4.52e-02	4.96e-04	2.15e-05	4.49e-09
KBR-TC	1.49e-01	**7.09e-09**	**5.40e-09**	**4.18e-09**	**3.30e-09**	**2.20e-01**	**6.60e-09**	**4.69e-09**	**3.15e-09**	**2.32e-09**

表 2-3　不同采样率下，8 个对比张量填充方法在 CAVE 数据上的平均实验结果

Method	5%				10%				20%				Time/s
	PSNR	SSIM	FSIM	ERGAS	PSNR	SSIM	FSIM	ERGAS	PSNR	SSIM	FSIM	ERGAS	
AlmMC	24.97± 3.6	0.70± 3.6	0.80± 3.6	333.33± 3.6	28.31± 4.5	0.79± 4.5	0.86± 4.5	236.43± 4.5	31.88± 4.9	0.87± 4.9	0.92± 4.9	160.70± 4.9	**5.48±** **0.7**
HaLRTC	25.54± 4.8	0.74± 4.8	0.83± 4.8	329.58± 4.8	29.76± 5.3	0.84± 5.3	0.89± 5.3	207.74± 5.3	34.30± 5.6	0.92± 5.6	0.94± 5.6	126.57± 5.6	14.89± 3.0
Tmac	17.34± 3.5	0.36± 3.5	0.63± 3.5	763.16± 3.5	19.34± 3.6	0.44± 3.6	0.64± 3.6	630.43± 3.6	25.55± 3.8	0.67± 3.8	0.79± 3.8	370.34± 3.8	6.53± 5.4
Trace /TV	21.71± 3.9	0.70± 3.9	0.81± 3.9	484.26± 3.9	30.07± 4.5	0.88± 4.5	0.92± 4.5	197.30± 4.5	37.43± 4.4	0.96± 4.4	0.97± 4.4	87.02± 4.4	51.66± 4.0
t-SVD	30.40± 4.3	0.82± 4.3	0.88± 4.3	186.96± 4.3	34.18± 4.7	0.89± 4.7	0.93± 4.7	124.46± 4.7	38.91± 4.9	0.95± 4.9	0.97± 4.9	74.46± 4.9	658.07± 108.2
McpTC	32.09± 4.7	0.86± 4.7	0.90± 4.7	155.62± 4.7	35.03± 5.1	0.91± 5.1	0.93± 5.1	115.29± 5.1	38.74± 5.5	0.95± 5.5	0.96± 5.5	77.52± 5.5	481.44± 13.1
ScadTC	32.28± 4.8	0.85± 4.8	0.90± 4.8	153.63± 4.8	35.14± 5.2	0.90± 5.2	0.93± 5.2	114.61± 5.2	38.72± 5.6	0.94± 5.6	0.96± 5.6	77.94± 5.6	481.41± 13.4
KBR- TC	**35.40±** **5.2**	**0.91±** **5.2**	**0.94±** **5.2**	**108.52** **±5.2**	**40.24±** **5.2**	**0.96±** **5.2**	**0.97±** **5.2**	**62.44±** **5.2**	**45.12±** **4.9**	**0.99±** **4.9**	**0.99±** **4.9**	**35.79±** **4.9**	330.82± 18.9

图 2-7 展示了在 10% 采样率下 "fake and real lemons image" 的 700nm 谱段上的结果。从图中可以看出，所提出的方法在细节上有明显优于前人方法的结果。同时，我们也展示了用所提出的方法估计的前 10 个、前 100 个和前 1000 个最大的 Kronecker 基分别组合而成的结果。可以看出，所提出的方法确实能估计缺失数据的本质结构。

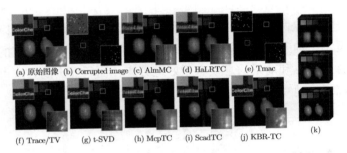

(a) 原始图像 (b) Corrupted image (c) AlmMC (d) HaLRTC (e) Tmac

(f) Trace/TV (g) t-SVD (h) McpTC (i) ScadTC (j) KBR-TC (k)

图 2-7　"fake and real lemons" 数据中 700nm 谱段的结果
(a) 原始图像；(b) 采样率为 10% 时的图像；(c)—(j) 8 个对比方法的填充结果；(k) 所提出的方法估计的前 10 个、前 100 个和前 1000 个 Kronecker 基的组合结果

2.6.3　基于 KBR-RPCA 的视频背景建模实验

本节中，我们通过视频数据的前景与背景分离实验验证所提出的 KBR-RPCA 方法的有效性。

实验设置　我们使用如下的对比方法：RPCA、HoRPCA 和 t-SVD。所提出的方法中有 λ、β 和 γ 需要设置，其中，我们在所有实验中都令 $\lambda = 10$，$\gamma = 100\beta$。对于 β，

我们的经验表明，可以将其设置为 $c\sqrt{\max{(I_1, I_2, I_3)}}$，其中 I_1、I_2、I_3 是数据的三个维度的大小，c 是一个常数。

视频背景建模实验　我们使用了常见的 I2R 数据集[83]中的 9 个视频进行实验。我们使用 F-measure[84] 作为评价指标。表 2-4 展示了所有对比方法在 20 个有真实参考结果的帧上的数值结果。容易看出，所提出的方法相比于前人方法有明显的提升。图 2-8展示了 "Shopping Mall" 和 "Hall" 这两个视频上的前景与背景分离结果。从图中可以看出，前人方法的处理结果往往不尽如人意，有些区域的背景信息和前景信息没有很好地分离，而所提出的方法可以很好地克服这个问题。

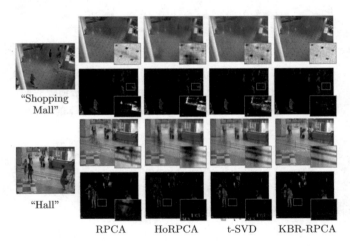

图 2-8　从左到右分别为原始图像、4 个对比方法的前景与背景分离结果

表 2-4　不同数据上 20 个有真实参考结果的帧的平均视频前景与
　　　　背景分离的数值结果

视频背景	RPCA	HoRPCA	t-SVD	KBR-RPCA
Hall	0.491±0.057	0.421±0.036	0.502±0.038	**0.531±0.061**
Shopping Mall	0.685±0.003	0.506±0.003	0.565±0.002	**0.704±0.003**
Campus	0.475±0.013	0.307±0.016	0.436±0.014	**0.512±0.012**
Fountain	0.586±0.034	0.319±0.012	0.520±0.018	**0.641±0.028**
Escalator	0.470±0.011	0.373±0.011	0.500±0.014	**0.532±0.013**
Curtain	0.505±0.010	0.534±0.008	0.597±0.010	**0.615±0.017**
Bootstrap	0.576±0.033	0.494±0.035	0.536±0.032	**0.586±0.037**
Water Surface	0.276±0.031	0.291±0.021	0.423±0.019	**0.431±0.021**
Lobby	0.638±0.034	0.246±0.023	0.361±0.033	**0.653±0.039**
Time/s	**1.4 ± 1.1**	152.7±162.7	118.5 ± 93.4	42.5 ± 36.0

2.6.4　折中参数的分析

　　由于所提出的 KBR 高阶稀疏度量是由两项组成的,
所以这两项之间的折中参数 t 的设置十分重要,本节我们
通过 KBR-TC 上的仿真实验对 t 的设置进行研究。这里,
我们使用与 2.6.2 节相同的方式生成的仿真数据,并设置
数据的大小为 $50 \times 50 \times 50$。同时,我们在 $(10, 30, 30)$ 和
$(25, 25, 25)$ 种秩的分布下进行实验。

　　图 2-9中展示了我们在不同 t 下的实验结果,其中每
个 t 的设置下,我们进行 50 次重复实验并取平均结果以保
证结果的稳定性。这里我们采用的评价指标为 logarithmic
relative reconstruction error (LRRE)。从图中可以看出,所

提出的方法在 t 取 $(0,1)$ 之前的结果较为稳定，且明显高于 t 取 0 或 1 的结果。这说明所提出的度量的两项都发挥了重要作用，且所提出的度量关于 t 的变化比较稳健。实际上，这样的结果在其他小节的实验中也很容易观察到。

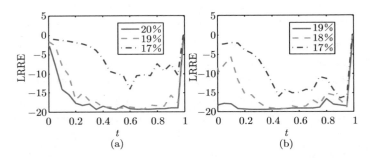

图 2-9　所提出的方法在不同的 t 与不同的采样率下进行仿真张量填充的 LRRE 结果 (a) 的设置为 $(10, 30, 30)$，(b) 的设置为 $(25, 25, 25)$

2.7　小结

本章基于 Tucker 分解和 CP 分解的稀疏性内涵，提出了一种新型的张量稀疏性度量。该度量不仅具有易于理解的物理含义，而且统一了在矢量和矩阵上设计的传统稀疏性度量。同时，本章在高光谱图像去噪、高光谱填充和背景建模等实际应用上进行的实验也证实了所提出的张量稀疏性度量的有效性。

本章所研究内容的首发论文刊于中国计算机学会推荐

的 A 类会议 CVPR 2016，代表论文刊于 *IEEE Transactions on Pattern Analysis and Machine Intelligence*，入选 ESI 高被引论文 (参见科研成果 [1] 和 [4])。

第 3 章
颜色与方向不变图像非局部自相似性建模及其应用

本章针对现有图像处理方法无法充分刻画彩色图像颜色与方向不变非局部自相似性的问题，提出了一种新型非局部自相似性建模方法。我们将提出一个能够刻画图像自相似性特征的概率模型，从而将图像处理问题转化成一个最大后验估计问题。所提出的建模方法涉及多种全新的图像建模技巧，并在仿真与真实图像去噪实验上验证了有效性。

3.1 引言

图像先验是图像处理研究中最为关键的部分。其中，非局部自相似（Nonlocal Self-Similarity, NSS）先验是最常用且最有效的先验之一[21-23]。非局部自相似性旨在刻画自然图像局部特征具有重复性的特点。具体来说，是指对于自然图像中任一位置的图像块，同一图像中往往在其他位置存在若干图像块与之相似。通过相似图像块之间的交互信息补偿，可以有效地抑制噪声或下采样等因素造成的负面影响，并有效地提取图像的本质结构特征。目前，已经有许多基于图像非局部自相似性的图像处理方法。以图像去噪任务为例，基于非局部自相似性，研究者为灰度图像设计了多种有效的降噪方法并取得了出色的效果，例如非局部平滑方法[21]、BM3D[22]、WNNM[23] 等[85-89]。作为 BM3D 和 WNNM 这两种最优灰度图像去噪方法到彩色图像的自然扩展，CBM3D[25] 和 MCWNNM[24] 在一定程度上刻画了彩色图像的非局部自相似性，并取得了很好的彩色图像去噪结果。

然而，现有方法对非局部自相似性先验的刻画仍然存在不足。其中，一个重要的不足在于现有方法的相似块组是简单利用欧氏距离进行匹配的，而这种方式忽略了图像中很多复杂却重要的结构特点。正如本书第 1 章中所提过的，现有方法大多数忽视了下面两种相似性：

• 颜色不同但形状与方向相似图像小块之间的相似性。如图 3-1(b) 所示，这种类型的相似块在颜色丰富的图像中十分常见。

• 方向不同但形状与颜色相似图像小块之间的相似性。如图 3-1(c) 所示，这种类型的相似块在结构复杂的图像中十分常见。

实际上，在更一般的情况下，（彩色）图像中的局部图像块可能具有不同的颜色和结构方向，但仍然共享相似的本质结构，如图 3-1(a)—(e) 中所示。因此，研究图像块之间颜色和方向不变的自相似性度量对全面刻画图像的结构特征是必不可少的，尤其是对颜色与结构丰富的图像而言。为了下文描述方便，我们将这种相似性称为颜色与方向不变非局部自相似性（Color and Direction Invariant Nonlocal Self-Similarity，CDI-NSS）。

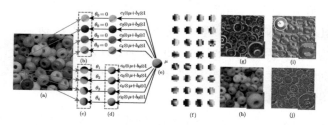

图 3-1　颜色与方向不变非局部自相似性 (CDI-NSS)(a) 一幅颜色与结构丰富的彩色自然图像；(b) 颜色不同但形状与方向相似的图像小块；(c) 方向不同但形状与颜色相似的图像小块；(d) 经过角度调整的图像块；(e) 上述图像小块的本质结构块；(f) 所提出的方法从图像 (a) 中提取出来的本质结构块；(g) 图像所有图像块的颜色向量 c 的可视化（$H \times W$ 个 3×1 向量），其中每个图像块的 c 的三个元素分别作为 R、G、B 三个通道可视化，c 在图 (g) 的像素位置即其对应图像块的中心的像素位置；(h) 图像所有图像块的颜色向量 b 的可视化，可视化方式与 (g) 图相似；(i) 所提出的方法估计的所有图像块旋转角度组成的张量（$\theta \in \mathbf{R}^{H \times W}$）可视化，其中，左上角的色环表示颜色与角度的关系；(j) 所提出的方法对所有图像块聚类结果的可视化，其中不同颜色代表不同的类标签（见彩插）

尽管非局部自相似性先验技术已经广泛用于各种应

用，但是仍然没有研究对 CDI-NSS 先验进行数学刻画。
这是因为 CDI-NSS 的数学刻画相对普通非局部自相似性
要困难许多。例如，要测量两个具有不同纹理方向图像块
的 CDI-NSS，通常需要先旋转其中一个图像块，使其与另
一个图像块的朝向相同，然后将旋转后的图像块与另一个
图像块在像素网格上进行插值，最后才能用欧拉范数合理
地对这两个图像块进行匹配。在一次图像处理的过程中，
一般会进行成千上万次相似块匹配，上述匹配方法将带来
巨大的计算代价。因此直接的 CDI-NSS 匹配方式是不可
行的，我们需要寻找更高效的数学工具，以降低这个过程
的计算成本。

　　针对这个问题，本书提出了两种新的彩色图像块表示
方式，分别对图像块的颜色与方向特点进行刻画。在此基
础上，我们将给出一个先验概率模型以简洁地建模颜色与
方向不变相似性。进一步，我们以典型彩色图像去噪为例，
应用所提出的模型，将去噪问题转化为一个完整的最大后
验估计问题。我们的贡献主要包括以下三个方面。

　　首先，我们基于多项式拟合方法提出一种能够有效刻
画图像小块方向特点的表示方式 $z = G^{\mathrm{DI}}(\boldsymbol{a}; \theta)$，其中 $\boldsymbol{a}$
表示多项式系数，θ 表示纹理方向的角度。在所提出的表
示方式下，不同纹理方向的相似图像块可以相互匹配。例
如，对于两个图像小块 z_1 和 z_2，如果 $z_1 = G^{\mathrm{DI}}(\boldsymbol{a}; \theta_1)$，
那么只要存在 θ_2 使 $z_2 = G^{\mathrm{DI}}(\boldsymbol{a}; \theta_2)$，就可以认为这两个
图像小块有相同的本质结构。更重要的是，在所提出的表

示方式的基础上，我们利用快速傅里叶变换进一步设计了一种对所有图像局部块同时沿不同方向进行旋转和匹配的高级算法。同时，本书使用近似圆形的图像块代替传统的方形图像块，这弱化了图像块在进行带旋转的匹配时边缘效应的影响，进一步提升了图像匹配的精度。我们将这种表示方式称为方向敏感表示。

其次，我们基于线性表示提出了一种能够有效刻画图像小块颜色特征的表示方式 $z = G^{\mathrm{CI}}(\boldsymbol{\mu}; \boldsymbol{c}, \boldsymbol{b})$，其中，$\boldsymbol{c}$ 和 $\boldsymbol{b}$ 分别是两个刻画颜色的三维向量，$\boldsymbol{\mu}$ 代表了对应的图像块的本质结构。在所提出的表示方式下，不同颜色的相似图像块可以方便地相互匹配。例如，对于两个图像小块，只要它们在所提出的表示方式下有相似的 $\boldsymbol{\mu}$，就可以认为这两个图像块是相似的。我们将这种表示方式称为颜色敏感表示。

最后，结合上述两种图像块表示方式，我们提出了一种简洁的彩色图像局部块的 CDI-NSS 先验建模方法。所提出的方式将 CDI-NSS 先验建模为一个先验分布的形式，并可在此基础上进一步将图像去噪任务转化为一个简洁的最大后验估计问题。同时，本书构造了对应的 EM 算法[52]对其进行求解。通过所提出的算法，模型涉及的所有参数都可以得到估计，包括图像块的纹理角度 (θ)、颜色转换参数 ($\boldsymbol{c}, \boldsymbol{b}$) 和对应的本质结构块 ($\boldsymbol{\mu}$)（图 3-1 (f)—(j) 展示了所提出的方法对图像中对应的各类参数估计的可视化结果）。通过一系列的仿真和真实数据实验，我们验证了所提出的方法的有效性。

3.2 符号定义和背景知识

本书将标量、向量、矩阵和张量分别表示为非粗体小写、粗体小写、粗体大写和花体大写。关于张量相关的向量化、展开与乘积等运算，我们使用与前面章节相同的记号。我们将两个矩阵 $A \in \mathbf{R}^{m \times n}$ 和 $B \in \mathbf{R}^{p \times q}$ 的 Kronecker 乘积定义为

$$A * B = \begin{pmatrix} a_{11}B & \dots & a_{1n}B \\ \vdots & & \vdots \\ a_{m1}B & \dots & a_{mn}B \end{pmatrix} \tag{3-1}$$

我们记滤波核 $F \in \mathbf{R}^{m \times m}$ 与矩阵 $X \in \mathbf{R}^{H \times W}$ 的卷积为 $F * X \in \mathbf{R}^{(H-m+1) \times (W-m+1)}$。

3.3 颜色与方向不变非局部自相似性建模

在本节中，我们将给出所提出的方向敏感与颜色敏感图像块表示的具体形式。这两种表示形式是构造颜色与方向不变自相似性度量的关键。

3.3.1 方向敏感图像块表示

为了方便理解，我们先在灰度图像块上构造方向敏感的图像块表示方式，然后将灰度图像块的表示方式推广到彩色图像块上。

图像块的多项式基底表示 如图 3-2 (a) 和 (b) 所示，考虑大小为奇数 $m = 2p+1$ 的灰度图像块 $\boldsymbol{Z} \in \mathbf{R}^{m \times m}{}^\ominus$。我们的目标是给出 $\boldsymbol{Z}$ 中所有像素点的最优拟合方式，即寻找函数 $z(u_i, v_j) \approx z_{ij}$，使 $z(\cdot, \cdot)$ 是一个二维多项式，z_{ij} 是 $\boldsymbol{Z}$ 中的像素点，$\boldsymbol{u} = \boldsymbol{v} = [-p, -(p-1), \cdots, 0, \cdots, p-1, p]$ 表示像素点的坐标值。为了推导方便，下文中，我们不失一般性地将坐标值标准化为 $\left[-1, \dfrac{-(p-1)}{p}, \cdots, 0, \cdots, \dfrac{(p-1)}{p}, 1\right]$。

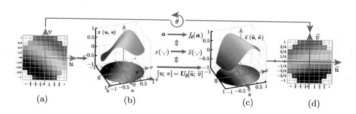

(a) (b) (c) (d)

图 3-2 图像小块旋转示意 (a) 一个圆形的图像小块，其大小参数分别为 $m = 9$ 和 $p = 4$；**(b)** 图像块对应的最优拟合多项式 $z(\cdot, \cdot)$，其多项式系数为 a；**(c)** 坐标旋转后的多项式 $\tilde{z}(\cdot, \cdot)$，其多项式系数为 $f_\theta(a)$；**(d)** 旋转后的图像小块

首先，我们需要给出一组对所提出的表示方向十分重

$\ominus$　偶数情形的推导相似。

要的特殊二维函数基——多项式基底，并用其对图像块进行二维函数拟合。为了方便理解，我们以二阶多项式的情形为例进行多项式表示的构造。具体地，二阶多项式拟合 $z(u_i, v_j)$ 的表示为

$$z_{ij} \approx z(u_i, v_j) = a_{11}u_i^2 + a_{12}u_iv_j + a_{21}u_i\nu_j +$$

$$a_{22}v_j^2 + a_1u_i + a_2v_j + a_0 \tag{3-2}$$

$$= [u_i, v_j]\boldsymbol{A}_2[u_i; v_j] + [u_i, v_j] \cdot \boldsymbol{a}_1 + a_0$$

其中，$\boldsymbol{A}_2 = [a_{11}, a_{12}; a_{21}, a_{22}]$、$\boldsymbol{a}_1 = [a_1; a_2]$ 和 a_0 分别为 2 阶、1 阶和 0 阶的多项式表达系数。值得注意的是，当我们得到拟合函数之后，就可以得到任意位置的拟合值。对于一个纯色没有纹理的图像块，0 阶多项式就可以很好地表达。而对于一个颜色均匀变化的图像块，1 阶多项式可以很好地表达。同理，2 阶多项式则可以表达更复杂的情形。由于图像小块只包含很小区域的图像信息，纹理结构一般不复杂，所以不需要太高阶的多项式就能精确地拟合。

其次，通过将式 (3-2) 的两侧都进行向量化，容易将其转化为如下等价形式：

$$\boldsymbol{z} \approx \boldsymbol{D}\boldsymbol{a} \tag{3-3}$$

其中，$\boldsymbol{D} \in \mathbf{R}^{m^2 \times K}$，$K$ 是 2 阶以下的多项式基底的总数。

$$z = \text{vec}(\boldsymbol{Z}) = \begin{pmatrix} z_{11} \\ \vdots \\ z_{ij} \\ \vdots \\ z_{mm} \end{pmatrix},$$

$$\boldsymbol{D} = \begin{pmatrix} u_1 u_1 & u_1 v_1 & v_1 u_1 & v_1 v_1 & u_1 & v_1 & 1 \\ \vdots & \vdots & \vdots & \vdots & \vdots & \vdots & \vdots \\ u_i u_i & u_i v_j & v_i u_j & v_j v_j & u_i & v_j & 1 \\ \vdots & \vdots & \vdots & \vdots & \vdots & \vdots & \vdots \\ u_m u_m & u_m v_m & v_m u_m & v_m v_m & u_m & v_m & 1 \end{pmatrix}$$

$$(3\text{-}4)$$

$\boldsymbol{D}$ 的每一列即一个多项式基底，$\boldsymbol{a} = [a_{11}; a_{12}; a_{21}; a_{22}; a_1; a_2; a_0] \in \mathbf{R}^7$ 表示多项式拟合过程中的多项式系数。

不失一般性，我们可以容易地将上面的多项式表示方法扩展到 r 阶的多项式表示上：

$$z(u_i, v_j) = \mathcal{A}_r \times_1 [u_i; v_j] \cdots \times_r [u_i; v_j] + \cdots +$$
$$[u_i, v_j] \boldsymbol{A}_2 [u_i; v_j] + [u_i, v_j] \cdot \boldsymbol{a}_1 + \boldsymbol{a}_0 \qquad (3\text{-}5)$$

其中，$\mathcal{A}_r$ 为一个 r 阶张量，$\{\mathcal{A}_r; \ldots; \boldsymbol{A}; \boldsymbol{a}_1; \boldsymbol{a}_0\}$ 表示多项式系数。通过对式 (3-5) 两侧进行向量化，我们也可以将式 (3-5) 转化为式 (3-3) 的形式，其中 $\boldsymbol{D} \in \mathbf{R}^{m^2 \times K}$，$K$ 是 r 阶以下多项式基底的总数，且

$$D = \begin{pmatrix} [u_1, v_1] * \cdots * [u_1, v_1] & \cdots & [u_1, v_1] * [u_1, v_1] & [u_1, v_1] & 1 \\ \vdots & & \vdots & \vdots & \vdots \\ [u_i, v_j] * \cdots * [u_i, v_j] & \cdots & [u_i, v_j] * [u_i, v_j] & [u_i, v_j] & 1 \\ \vdots & & \vdots & \vdots & \vdots \\ [u_m, v_m] * \cdots * [u_m, v_m] & \cdots & [u_m, v_m] * [u_m, v_m] & [u_m, v_m] & 1 \end{pmatrix}$$

$$\tag{3-6}$$

$\boldsymbol{a} = [\mathrm{vec}\,(\mathcal{A}_r)\,;\ldots;\mathrm{vec}\,(\boldsymbol{A})\,;\boldsymbol{a}_1;a_0] \in \mathbf{R}^K$。

基于上面的分析，易知最优多项式拟合系数 $\boldsymbol{a}$ 满足如下最优化问题：

$$\min_{\boldsymbol{a}} \|\boldsymbol{z} - \boldsymbol{D}\boldsymbol{a}\|_2 \tag{3-7}$$

这个方程的闭式解为 $\boldsymbol{a} = \boldsymbol{D}^\dagger \boldsymbol{z}$，其中 $\boldsymbol{D}^\dagger \in \mathbf{R}^{K \times m^2}$ 是 $\boldsymbol{D}$ 的伪逆，其定义为

$$\boldsymbol{D}^\dagger = \left(\boldsymbol{D}^{\mathrm{T}}\boldsymbol{D}\right)^{-1}\boldsymbol{D}^{\mathrm{T}} \tag{3-8}$$

进一步，我们可以通过 2D 卷积对图像 $X \in \mathbf{R}^{H \times W}$ 中的所有图像小块进行最优多项式拟合。记 $\boldsymbol{D}^\dagger$ 的第 k 行为 $\boldsymbol{f}_k^{\mathrm{T}} \in \mathbf{R}^{m^2}$，那么有 $a_k = \boldsymbol{f}_k^{\mathrm{T}}\boldsymbol{z}$。由于 $\boldsymbol{f}_k$ 有 $m^2 \times 1$ 个元素，所以它可以被表示为 $m \times m$ 的滤波核形式 $\boldsymbol{F}_k$（这个滤波核的大小与 $\boldsymbol{Z}$ 相同），通过将所有 $\boldsymbol{F}_k$ 组合在一起，我们可以得到张量 $\mathcal{F} \in \mathbf{R}^{m \times m \times K}$。如图 3-3 (a)—(c) 所示，将 $\boldsymbol{f}_k^{\mathrm{T}}\boldsymbol{z}$ 作用到 $X \in \mathbf{R}^{H \times W}$ 的所有图像小块的过程与如下卷积等价：

$$\boldsymbol{A}_k = \boldsymbol{F}_k \otimes \boldsymbol{X} \tag{3-9}$$

其中，$A_k \in \mathbf{R}^{H \times W}$ 是一个由 X 中的所有图像小块的第 k 个最优拟合多项式系数组合而成的矩阵$^{\ominus}$。因此，通过 K 次 2D 卷积，我们就可以得到所有图像小块的最优多项式拟合系数。

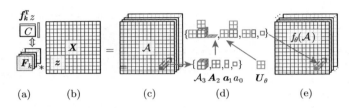

图 3-3 通过卷积进行全图图像块快速旋转示意 **(a)** 对 X 中所有图像小块进行 $f_k^{\mathrm{T}} z$ 等价于进行 $F_k * X$；**(b)** 图像矩阵 X；**(c)** X 通过卷积计算而来的多项式系数；**(d)** 通过旋转矩阵 U_θ 对一组多项式系数进行坐标旋转的示意图，这里以 **3** 阶多项式为例；**(e)** 旋转后的多项式系数

上文的推导以灰度图像为例，而对于彩色图像 $\mathcal{X}^{H \times W \times 3}$，我们只需要对 R、G、B 三个通道分别进行式 (3-9) 的计算就可以得到三个通道的多项式系数。为了方便起见，我们可以将三个通道的所有多项式系数 $\{A_k^r, A_k^g, A_k^b\}_{k=1}^{K}$ 用张量 $\mathcal{A} \in \mathbf{R}^{H \times W \times 3 \times K}$ 表示，将对应的滤波核的全体 $\{F_k\}_{k=1}^{K}$ 用张量 $\mathcal{F} \in \mathbf{R}^{m \times m \times K}$ 表示，将对彩色图像的所有通道上的式 (3-9) 运算记为

$\ominus$　这里，我们在卷积的过程中对 X 进行了边缘扩充，使卷积的结果与原图像等大。

$$\mathcal{A} = \mathcal{F} \otimes \mathcal{X} \qquad (3\text{-}10)$$

多项式系数表示下的图像块旋转 现在我们可以利用上文提出的多项式表示方法对图像块进行任意角度的旋转，并构造方向敏感图像块的表示方式。

如图 3-3(a) 和 (b) 所示，对于任意图像块 z，将其最优多项式拟合系数记为 $\boldsymbol{a} = \{\mathcal{A}_r, \ldots, \boldsymbol{A}_2, \boldsymbol{a}_1, a_0\}$。若 $\tilde{z}$ 是 z 旋转 θ 的结果，那么 $\tilde{z}$ 的多项式系数与 $\boldsymbol{a}$ 将有如 $[\tilde{u}; \tilde{v}] = \boldsymbol{U}_\theta[u; v]$ 的变换关系，其中 $\boldsymbol{U}_\theta$ 是如下形式的坐标旋转矩阵：

$$\boldsymbol{U}_\theta = \begin{pmatrix} \cos(\theta) & \sin(\theta) \\ -\sin(\theta) & \cos(\theta) \end{pmatrix} \qquad (3\text{-}11)$$

这个过程可以很容易通过图 3-3 理解。进一步，我们有如下定理：

定理 3.1 对于任意两个 r 阶多项式函数 $\boldsymbol{z}_A(u, v)$ 和 $\boldsymbol{z}_B(u, v)$，它们的多项式系数分别为 $\{\mathcal{A}_r; \ldots; \boldsymbol{A}; \boldsymbol{a}_1; a_0\}$ 和 $\{\mathcal{B}_r; \ldots; \boldsymbol{B}; \boldsymbol{b}_1; b_0\}$。当 $a_0 = b_0$ 且 $\mathcal{B}_i = \mathcal{A}_i \times_1 \boldsymbol{U}_\theta \times \cdots \times_i \boldsymbol{U}_\theta$ 对 $i = 1, 2, \cdots, r$ 都成立时，$\boldsymbol{z}_B(u, v)$ 是 $\boldsymbol{z}_A(u, v)$ 逆时针旋转 θ 度的结果，即

$$\boldsymbol{z}_B(u, v) = \boldsymbol{z}_A(\tilde{u}, \tilde{v}) \qquad (3\text{-}12)$$

这里 $[\tilde{u}; \tilde{v}] = \boldsymbol{U}_\theta[u; v]$。 $\square$

证明 通过式 (3-5) 的定义，我们有

$$
\begin{aligned}
\boldsymbol{z}_B(u,v) &= \mathcal{B}_r \times_1 [u;v] \times \cdots \times_r [u;v] + \cdots + \\
&\quad [u,v] \boldsymbol{B}_2 [u;v] + [u,v] \cdot \boldsymbol{b}_1 + b_0 \\
&= (\mathcal{A}_r \times_1 \boldsymbol{U}_\theta \times \cdots \times_r \boldsymbol{U}_\theta) \times_1 [u;v] \times \cdots \times_r [u;v] + \cdots + \\
&\quad [u,v] \left(\boldsymbol{U}_\theta^{\mathrm{T}} \boldsymbol{A}_2 \boldsymbol{U}_\theta \right) [u;v] + [u,v] \cdot \boldsymbol{a}_1 + b_0 \\
&= \mathcal{A}_r \times_1 (\boldsymbol{U}_\theta[u;v]) \times \cdots \times_r (\boldsymbol{U}_\theta[u;v]) + \cdots + \\
&\quad (\boldsymbol{U}_\theta[u;v])^{\mathrm{T}} \boldsymbol{A}_2 (\boldsymbol{U}_\theta[u;v]) + (\boldsymbol{U}_\theta[u;v])^{\mathrm{T}} \boldsymbol{a}_1 + a_0 \\
&= \mathcal{A}_r \times_1 [\tilde{u};\tilde{v}] \times \cdots \times_r [\tilde{u};\tilde{v}] + \cdots + \\
&\quad [\tilde{u},\tilde{v}] \boldsymbol{A}_2 [\tilde{u};\tilde{v}] + [\tilde{u},\tilde{v}] \cdot \boldsymbol{a}_1 + a_0 \\
&= z_A(\tilde{u},\tilde{v})
\end{aligned}
\tag{3-13}
$$

结论得证。

由定理 3.1 可知，我们可以通过对多项式系数 $\mathcal{A}$ 进行如下运算来进行图像小块的旋转：

$$
\begin{aligned}
f_\theta(\boldsymbol{a}) = [&\operatorname{vec}\left(\mathcal{A}_r \times_1 \boldsymbol{U}_\theta \times \cdots \times_r \boldsymbol{U}_\theta\right); \cdots; \\
&\operatorname{vec}\left(\boldsymbol{U}_\theta \boldsymbol{A}_2 \boldsymbol{U}_\theta^{\mathrm{T}}\right); \boldsymbol{U}_\theta \boldsymbol{a}_1; a_0]
\end{aligned}
\tag{3-14}
$$

图 3-2 和图 3-3的 (d)、(e) 形象地展示了上面的推导过程以方便理解。

通过上面的推导，我们可以得到如下方向敏感图像小块表示形式：

$$
\tilde{z} = G^{\mathrm{DI}}(\boldsymbol{a};\theta) = \boldsymbol{D} f_\theta(\boldsymbol{a})
\tag{3-15}
$$

这个表示形式可以方便地用于构造方向不变图像小块的自相似性。具体地,如果两个图像小块可以表示为 $G^{\mathrm{DI}}(\boldsymbol{a};\theta_1)$ 与 $G^{\mathrm{DI}}(\boldsymbol{a};\theta_2)$,那么这两个小块在进行一定角度的旋转后,将有相同的本质结构,如图 3-1(c) 所示。

对于彩色图像小块,我们可以通过对其三个通道的多项式表示系数进行 $f_\theta(\cdot)$ 运算来对其进行旋转。

圆形图像小块　相比传统的方形图像块,圆形图像小块显然更有利于减小多项式表示在旋转过程中引起的边缘效应。因此,在本章中,我们选择使用圆形的图像小块,如图 3-2(a) 所示。定义指示矩阵 $\boldsymbol{\Omega} \in \mathbf{R}^{m \times m}$:

$$\Omega_{ij} = \begin{cases} 1 & \text{若} \quad u_i^2 + v_j^2 \leqslant R^2 \\ 0 & \text{若} \quad u_i^2 + v_j^2 > R^2 \end{cases} \tag{3-16}$$

其中,R 是圆形图像小块的半径,可以设置为 $1 + \frac{1}{2p}$。令 $\boldsymbol{\omega} = \mathrm{vec}(\boldsymbol{\Omega})$,并在 $\omega_k = 0$ 时,从 $\boldsymbol{D}$ 中移除第 k 列,那么可以得到圆形小块对应的 $\bar{\boldsymbol{D}}$。通过在上面的推导过程中用 $\bar{\boldsymbol{D}}$ 取代 $\boldsymbol{D}$,我们可以将上面的过程应用到所提出的近似圆形小块上。唯一的问题在于,$\bar{\boldsymbol{D}}^\dagger$ 的列比 $\boldsymbol{D}^\dagger$ 少,使得它的行不能直接变换为滤波核形式(即式 (3-9) 中的 $\boldsymbol{F}_k$)。这个问题可以很容易地通过对 $\bar{\boldsymbol{D}}^\dagger$ 中使 $\Omega_{ij} = 0$ 处的列进行填 0 来解决。

为了记号方便,在下文中,我们仍然使用 $\boldsymbol{D}$ 这个记号,但下文中操作都是在圆形图像小块上进行。

3.3.2 颜色敏感图像块表示

接下来，我们给出如下颜色敏感图像块表示形式:

$$z = G^{\mathrm{CI}}(\boldsymbol{\mu}; \boldsymbol{c}, \boldsymbol{b}) = \boldsymbol{c} * \boldsymbol{\mu} + \boldsymbol{b} * \boldsymbol{1} \tag{3-17}$$

其中, z 是一个给定的图像小块, $\boldsymbol{\mu} \in \mathbf{R}^M$ 是彩色图像小块的本质结构, M 代表一个通道上的像素点总数, $G^{\mathrm{CI}}(\boldsymbol{\mu}; \boldsymbol{c}, \boldsymbol{b}) \in \mathbf{R}^{3M}$, $\boldsymbol{1}$ 表示元素值全为 1 的 M 维向量, 且 $\boldsymbol{c}, \boldsymbol{b} \in \mathbf{R}^3$ 代表两个颜色参数。对于任意两个可以表示为 $G^{\mathrm{CI}}(\boldsymbol{\mu}; \boldsymbol{c}_1, \boldsymbol{b}_1)$ 和 $G^{\mathrm{CI}}(\boldsymbol{\mu}; \boldsymbol{c}_2, \boldsymbol{b}_2)$ 的图像小块, 容易看出它们的本质结构 $\boldsymbol{\mu}$ 相同, 而颜色不同。这个表示的合理性可以容易地通过图 3-1(b) 到 (e) 看出。同时我们可以看出 $\boldsymbol{c}$、$\boldsymbol{b}$ 的不同本质上不会影响两个图像小块的相似性。

3.4 基于颜色与方向不变非局部自相似性的彩色图像去噪模型

通过上文所提出的两种表示方式，本节中，我们给出基于 CDI-NSS 的彩色图像先验分布，并将其应用到彩色图像去噪问题中。特别地，我们将彩色图像去噪问题建模为一个标准的最大后验估计问题。

3.4.1 彩色图像去噪的最大后验模型

首先，我们为待去噪的彩色图像 $\mathcal{X} \in \mathbf{R}^{H \times W \times 3}$ 构造能反映 CDI-NSS 的先验分布。具体地，我们认为 $\mathcal{X}$ 中的

任意图像小块 $\boldsymbol{Z}_{hw}$ 在旋转合适的角度 θ_{hw}，并忽略颜色参数 $\boldsymbol{c}_{hw}$、$\boldsymbol{b}_{hw}$ 的差异后，本质结构与某个 $\boldsymbol{\mu}_l \in \mathbf{R}^M$ 十分相似，而 $\boldsymbol{\mu}_l \in \mathbf{R}^M (l = 1, \cdots, L)$ 代表了图像中的 L 种类型的图像小块本质结构。简单来说，即图像小块的总体在忽略角度与颜色的差异后是可聚类的。同时，我们可以算出 $\boldsymbol{Z}_{hw}$ 的最优多项式拟合系数是 $\boldsymbol{a}_{hw} = (\mathcal{F} \otimes \mathcal{X})_{hw}$。因此我们可以通过如下混合高斯模型[52]来建模这种颜色与方向不变的非局部自相似性先验：

$$
\begin{aligned}
& p(\mathcal{X}|\boldsymbol{\theta}, \boldsymbol{\mu}, \boldsymbol{c}, \boldsymbol{b}, \boldsymbol{\pi}, \sigma) \\
& = \prod_{hw} \sum_{l=1}^{L} \pi_l \mathcal{N}\left(G^{\mathrm{DI}}((\mathcal{F} \otimes \mathcal{X})_{hw}; \theta_{hw})\Big| \right. \\
& \left. \quad G^{\mathrm{CI}}(\boldsymbol{\mu}_l; \boldsymbol{c}_{hw}, \boldsymbol{b}_{hw}), \sigma\boldsymbol{I}\right)
\end{aligned}
\tag{3-18}
$$

其中，算子 G^{DI} 和 G^{CI} 分别由式 (3-15) 和式 (3-17) 定义，σ 定义了各个高斯成分的方差，π_l 定义了成分的比重，L 为高斯成分的总数。可以看出，我们在聚类各个图像小块时，只有本质结构 $\boldsymbol{\mu}_l$ 起决定因素，$\boldsymbol{c}$、$\boldsymbol{b}$ 与 $\boldsymbol{\theta}$ 都是与类别无关的参数，我们可以通过最大似然或最大后验估计来估计这些参数。

其次，对于带噪的彩色图像 $\mathcal{Y}$，我们可以给出如下带噪图像似然（生成）分布：

$$
p(\mathcal{Y}|\mathcal{X}) = \prod_{hw} \prod_{q=1}^{3} \mathcal{N}(y_{hwq}|x_{hwq}, \lambda)
\tag{3-19}
$$

其中，$\mathcal{X}$ 表示待恢复的无噪图像，$q \in \{1, 2, 3\}$ 是三个通道的指标，λ 代表了噪声的方差。由于本文的研究重点在于先验分布的建模，所以这里我们把噪声考虑为最简单的高斯分布。在实际中，我们可以根据需求建立不同的噪声生成模型[90-91]。

通过将先验分布 (3-18) 和似然分布 (3-19) 组合在一起，并给待求参数加上无信息先验，我们可以得到如下后验分布：

$$p(\mathcal{X}, \boldsymbol{\theta}, \boldsymbol{\mu}, \boldsymbol{c}, \boldsymbol{b}, \boldsymbol{\pi}, \sigma|\mathcal{Y}) \propto p(\mathcal{X}|\boldsymbol{\theta}, \boldsymbol{\mu}, \boldsymbol{c}, \boldsymbol{b}, \boldsymbol{\pi}, \sigma)p(\mathcal{Y}|\mathcal{X})$$

(3-20)

接下来，我们可以通过最大后验估计来估计所有参数，包括待求图像 $\mathcal{X}$。

3.4.2 EM 算法

本小节我们通过 EM 算法[92] 来估计式 (3-20) 中的参数 $(\mathcal{X}, \boldsymbol{\theta}, \boldsymbol{\mu}, \boldsymbol{c}, \boldsymbol{b}, \boldsymbol{\pi}, \sigma)$。算法将在估计各成分的聚类概率（E 步）和最大化变分下界（M 步）之间进行迭代。

E 步 在 EM 算法迭代的过程中，需要引入隐变量 z_{hwl}，代表 $\boldsymbol{p}_{hw}$ 是否属于第 l 类，其中，$z_{hwl} \in \{0,1\}$ 且 $\sum_{l=1}^{L} z_{hwl} = 1$。那么，最大后验的第 l $(= 1, 2, \cdots, L)$ 类响应可以通过下式计算[92]：

$$\gamma_{hwl} = \mathbb{E}\{z_{hwl}\}$$

$$= \frac{\pi_l \mathcal{N}\left(G^{\mathrm{DI}}((\mathcal{F} \otimes \mathcal{X})_{hw}; \theta_{hw})|G^{\mathrm{CI}}(\boldsymbol{\mu}_l; \boldsymbol{c}_{hw}, \boldsymbol{b}_{hw}), \sigma\boldsymbol{I}\right)}{\sum_{l=1}^{L} \pi_l \mathcal{N}\left(G^{\mathrm{DI}}((\mathcal{F} \otimes \mathcal{X})_{hw}; \theta_{hw})|G^{\mathrm{CI}}(\boldsymbol{\mu}_l; \boldsymbol{c}_{hw}, \boldsymbol{b}_{hw}), \sigma\boldsymbol{I}\right)}$$

(3-21)

M 步 M 步关于 $\mathcal{X}$、$\boldsymbol{\theta}$、$\boldsymbol{\mu}$、$\boldsymbol{c}$、$\boldsymbol{b}$、$\boldsymbol{\pi}$、σ 最大化由 E 步给出的最大对数后验函数[92]：

$$
\begin{aligned}
&\mathbb{E}_{\mathcal{Z}}\{\ln p(\mathcal{X}, \boldsymbol{\theta}, \boldsymbol{\mu}, \boldsymbol{c}, \boldsymbol{b}, \boldsymbol{\pi}, \sigma, \mathcal{Z}|\mathcal{Y})\} \\
&= -\frac{1}{2\lambda}\|\mathcal{X} - \mathcal{Y}\|_F^2 - \frac{3HW}{2}\ln\sqrt{2\pi}\lambda \\
&\quad \sum_{hwl}\gamma_{hwl}\Big(\ln\pi_l - \frac{M}{2}\ln\sqrt{2\pi}\sigma - \frac{1}{2\sigma} \\
&\quad \|\boldsymbol{D}(f_{\theta_{hw}}((\mathcal{F}*\mathcal{X})_{hw})) - \boldsymbol{c}_{hw}*\boldsymbol{\mu}_l - \boldsymbol{b}_{hw}*\mathbf{1}\|_F^2\Big)
\end{aligned}
\tag{3-22}
$$

我们采用如下交替优化的方式来求解这个问题。

更新 $\boldsymbol{\mu}, \boldsymbol{c}, \boldsymbol{b}, \sigma$ 令函数的求导结果为 0，我们可以分别推出 $\boldsymbol{\mu}$、$\boldsymbol{c}$、$\boldsymbol{b}$、σ 这几个变量的闭式解。定义 c_{hwq} 和 b_{hwq} 分别为 $\boldsymbol{c}_{hw}$ 和 $\boldsymbol{b}_{hw}$ 中的第 q 个元素，μ_{lm} 为 $\boldsymbol{\mu}_l$ 的第 m 个元素，p_{hwmq} 为图像小块 $\boldsymbol{D}(f_{\theta_{hw}}((\mathcal{F}*\mathcal{X})_{hw}))$ 的第 q 个通道的第 m 个元素。那么，这几个变量的显式更新形式为

$$
\mu_{lm}^+ = \sum\nolimits_{hwq}\gamma_{hwl}c_{hwq}(p_{hwmq} - b_{hwq})\Big/\sum\nolimits_{hwq}\gamma_{hwl}c_{hwq}^2
$$

$$
c_{hwq}^+ = \sum\nolimits_{lm}\gamma_{hwl}\mu_{lm}(p_{hwmq} - b_{hwq})\Big/\sum\nolimits_{lm}\gamma_{lm}\mu_{lm}^2
$$

$$
b_{hwq}^+ = \sum\nolimits_{lm}\gamma_{hwl}(p_{hwmq} - c_{hwq}\mu_{lm})\Big/M
$$

$$
\sigma^+ = \sum\nolimits_{hwl}\gamma_{hwl}\|\boldsymbol{D}(f_{\theta_{hw}}((\mathcal{F}\otimes\mathcal{X})_{hw})) -
$$

$$
\boldsymbol{c}_{hw}*\boldsymbol{\mu}_l - \boldsymbol{b}_{hw}*\mathbf{1}\|_F^2 \Big/(3HWM)
$$

$$
\tag{3-23}
$$

更新 π 关于 π 的更新与传统的混合高斯模型[92] 有相似的显式形式：

$$\pi_l^+ = \sum_{hw} \gamma_{hwl}/HW \tag{3-24}$$

更新 θ 由于 $\sum_l \gamma_{hwl} = 1$，所以容易推出对 θ_{hw} 可以通过求解如下子问题来更新：

$$\theta_{hw}^+ = \arg\min_\theta Q(\theta) = \arg\min_\theta \|\boldsymbol{D}(f_\theta(\boldsymbol{a}_{hw})) - \boldsymbol{o}_{hw}\|_F^2 \tag{3-25}$$

其中，$\boldsymbol{a}_{hw} = (\mathcal{F} \otimes \mathcal{X})_{hw}$，$\boldsymbol{o}_{hw} = \boldsymbol{c}_{hw} * (\sum_l \gamma_{hwl}\boldsymbol{\mu}_l) - \boldsymbol{b}_{hw} * \boldsymbol{1}$，且对于多项式系数向量

$$\boldsymbol{a} = [\text{vec}(\mathcal{A}_r); \ldots; \text{vec}(\boldsymbol{A}); \boldsymbol{a}_1; a_0] \in \mathbf{R}^K,$$

$$\begin{aligned}f_\theta(\boldsymbol{a}) = [&\text{vec}(\mathcal{A}_r \times_1 \boldsymbol{U}_\theta \times \cdots \times_r \boldsymbol{U}_\theta); \ldots; \\ &\text{vec}(\boldsymbol{U}_\theta \boldsymbol{A}_2 \boldsymbol{U}_\theta^{\mathrm{T}}); \boldsymbol{U}_\theta \boldsymbol{a}_1; a_0]\end{aligned} \tag{3-26}$$

$\forall s = 1, 2, \cdots, r$，$\mathcal{A}_s$ 为 s 阶张量，表示第 s 个多项式系数。我们可以推出，$\forall s \in \mathbf{N}^+$，$Q_s(\theta) = \mathcal{A}_s \times_1 \boldsymbol{U}_\theta \times \cdots \times_s \boldsymbol{U}_\theta$ 的导函数为

$$\begin{aligned}Q_s'(\theta) = \sum_{i=1}^s \mathcal{A}_s \times_1 \boldsymbol{U}_\theta \times_2 \boldsymbol{U}_\theta \times \cdots \times_{i-1} \boldsymbol{U}_\theta \times_i \bar{\boldsymbol{U}}_\theta \times_{i+1} \\ \boldsymbol{U}_\theta \times \cdots \times_s \boldsymbol{U}_\theta\end{aligned} \tag{3-27}$$

其中

$$\bar{\boldsymbol{U}}_\theta = \frac{\partial \boldsymbol{U}_\theta}{\partial \theta} = \begin{pmatrix} -\sin(\theta) & \cos(\theta) \\ -\cos(\theta) & -\sin(\theta) \end{pmatrix} \tag{3-28}$$

那么，我们可以推出 $Q(\theta)$ 的导函数为

$$Q'(\theta)=2\left\langle \boldsymbol{D}^{\mathrm{T}}(\boldsymbol{D}(f_\theta(\boldsymbol{a}_{hw}))-\boldsymbol{o}_{hw}),\right.$$
$$\left.[\operatorname{vec}(Q'_r(\theta));\ldots;\operatorname{vec}(Q'_2(\theta));\operatorname{vec}(Q'_1(\theta));0]\right\rangle (3\text{-}29)$$

这也是问题 (3-25) 的梯度方向。因此我们可以通过梯度下降来求解问题 (3-25)。

在实际中，我们也可以通过下面的方法来更容易地计算梯度方向：

$$g(\theta) = \begin{cases} 1 & \text{若} \quad Q(\theta + \varepsilon) < Q(\theta) \\ -1 & \text{若} \quad Q(\theta + \varepsilon) > Q(\theta) \end{cases} \tag{3-30}$$

其中，ε 是很小的正值。虽然这个问题的闭式解很难算得，但是这个问题是一个标准优化问题，有许多现有方法可以方便地求解这个问题。

更新 $\mathcal{X}$　由 $\sum_l \gamma_{hwl} = 1$，可以容易地推出 $\mathcal{X}$ 通过求解如下子问题来求解：

$$\min_{\mathcal{X}} \frac{\sigma}{\lambda} \|\mathcal{X} - \mathcal{Y}\|_F^2 + \sum_{hw} \|\boldsymbol{D}(f_{\theta_{hw}}((\mathcal{F} \otimes \mathcal{X})_{wh})) - \boldsymbol{o}_{hw}\|_F^2 \tag{3-31}$$

我们通过交替乘子法 (ADMM)[57] 求解这个子问题。首先，我们引入一个辅助张量 $\mathcal{B}$ 并把问题 (3-31) 等价地转化为

$$\min_{\mathcal{X},\mathcal{B}} \frac{\sigma}{\lambda} \|\mathcal{X} - \mathcal{Y}\|_F^2 + \|H_{\boldsymbol{D}}(\mathcal{B}) - \mathcal{O}\|_F^2 \quad \text{s.t. } \mathcal{B} = F(\mathcal{F} \otimes \mathcal{X}, \boldsymbol{\theta}) \tag{3-32}$$

其中，$\mathcal{O}$ 是由 $\boldsymbol{o}_{hw}$ 组成的张量。$H_{\boldsymbol{D}}(\mathcal{B})$ 和 $F(\mathcal{F} \otimes \mathcal{X}, \boldsymbol{\theta})$ 分

别定义为对所有 h 和 w 进行 $\boldsymbol{D} \cdot \mathcal{B}_{hw}$ 和 $f_{\theta_{hw}}((\mathcal{F} \otimes \mathcal{X})_{hw})$ 两种运算的结果。

对应的增广拉格朗日函数 $L_\rho(\mathcal{X}, \mathcal{B}, \mathcal{L})$ [57] 为

$$\frac{\sigma}{\lambda} \|\mathcal{X} - \mathcal{Y}\|_F^2 + \|H_{\boldsymbol{D}}(\mathcal{B}) - \mathcal{O}\|_F^2 +$$

$$\langle \mathcal{B} - F(\mathcal{F} \otimes \mathcal{X}, \boldsymbol{\theta}), \mathcal{L} \rangle + \frac{\rho}{2} \|\mathcal{B} - F(\mathcal{F} \otimes \mathcal{X}, \boldsymbol{\theta}) * \mathcal{X})\|_F^2 \quad (3\text{-}33)$$

其中，$\mathcal{L}$ 为拉格朗日乘子，且 ρ 是一个正常数。根据 ADMM 的框架，我们将迭代求解 $\mathcal{X}, \mathcal{B}, \mathcal{L}$。

当其他变量固定时，可以通过求解 $\min_{\mathcal{X}} L_\rho(\mathcal{X}, \mathcal{B}, \mathcal{L})$ 来更新 $\mathcal{X}$，即求解如下子问题：

$$\min_{\mathcal{X}} \frac{\sigma}{\lambda} \|\mathcal{X} - \mathcal{Y}\|_F^2 + \frac{\rho}{2} \|F(\mathcal{F} \otimes \mathcal{X}, \boldsymbol{\theta}) - \mathcal{B} - \rho^{-1}\mathcal{L}\|_F^2 \quad (3\text{-}34)$$

因为 $f_\theta(\cdot)$ 等价于若干旋转矩阵 $\boldsymbol{U}_{\theta_{hw}} S$ 的组合，可以推出 $\|f_\theta(\cdot)\|_F^2 = \|\cdot\|_F^2$。因此，式 (3-34) 等价于

$$\min_{\mathcal{X}} \frac{\sigma}{\lambda} \|\mathcal{X} - \mathcal{Y}\|_F^2 + \frac{\rho}{2} \|\mathcal{F} \otimes \mathcal{X} - F(\mathcal{B} + \rho^{-1}\mathcal{L}, -\boldsymbol{\theta})\|_F^2$$

$$(3\text{-}35)$$

这个问题已经被证明有如下闭式解 [93]：

$$\mathcal{X}^+ = \text{ifft} \left(\frac{\dfrac{\sigma}{\lambda} \text{fft}(\mathcal{Y}) + \dfrac{\rho}{2} \sum_k \text{fft}(F_k)^* \odot \text{fft}\left((F(\mathcal{B} + \rho^{-1}\mathcal{L}, -\boldsymbol{\theta}))_k\right)}{\dfrac{\sigma}{\lambda} + \dfrac{\rho}{2} \sum_k \left(\text{fft}(F_k) \odot \text{fft}(F_k)^*\right)} \right)$$

$$(3\text{-}36)$$

其中，$\odot$ 定义为哈达马积，$\text{fft}(\cdot)$ 与 $\text{ifft}(\cdot)$ 分别定义为 2D 快速傅里叶变换与快速傅里叶逆变换。

当其他变量固定时, $\mathcal{B}$ 可以通过求解 $\min_{\mathcal{B}} L_\rho(\mathcal{X}, \mathcal{B}, \mathcal{L})$ 来更新, 这等价于求解下面的子问题:

$$\min_{\mathcal{B}} \|H_D(\mathcal{B}) - \mathcal{O}\|_F^2 + \frac{\rho}{2} \|\mathcal{B} - F(\mathcal{F} \otimes \mathcal{X}, \boldsymbol{\theta}) + \rho^{-1}\mathcal{L}\|_F^2 \tag{3-37}$$

由于算子 $H_D(\cdot)$ 是同一矩阵 D 与 $\mathcal{B}$ 中所有对应向量的乘积, 所以式 (3-37) 是一个二次规划问题, 且容易推出它有如下形式的闭式解:

$$\mathcal{B}^+ = H_{(D^{\mathrm{T}}D + \frac{\rho}{2}I)^{-1}} \left(H_{D^{\mathrm{T}}}(\mathcal{O}) + \frac{\rho}{2} \left(F(\mathcal{F} \otimes \mathcal{X}, \boldsymbol{\theta}) - \rho^{-1}\mathcal{L} \right) \right) \tag{3-38}$$

最后, 我们可以通过下式来更新拉格朗日乘子 $\mathcal{L}$ [57]:

$$\mathcal{L}^+ = \mathcal{L} + \rho\left(\mathcal{B} - F(\mathcal{F} \otimes \mathcal{X}, \boldsymbol{\theta})\right) \tag{3-39}$$

完整的算法见算法 3-1, 我们将这个方法简记为 CDI-MoG (Color and Direction Invariant Mixture of Gaussian denoising method)。图 3-1(f)—(j) 展示了所提出的算法对 $\boldsymbol{\mu}, \boldsymbol{c}, \boldsymbol{b}, \theta, \gamma$ 的估计结果, 可以看出估计结果与直观相符, 且估计的参数都有很清楚的物理意义。

计算复杂度　对于输入图像 $Y \in \mathbf{R}^{H \times W \times 3}$, 更新 $\boldsymbol{\mu}, \boldsymbol{c}, \boldsymbol{b}$ 的计算复杂度都是 $O(HWLM)$, 其中 M 是图像小块的像素数, L 是模型中的高斯成分数。更新 θ 时, 计算代价与多项式的阶数 r 相关。可以推出多项式系数的数目为 $K = \dfrac{(r+2)(r+1)}{2}$。每次通过式 (3-26) 计算 $f_\theta(\boldsymbol{a})$ 的计算代价为 $O\left(\dfrac{M(r+2)(r+1)}{2} + 2^{r+2} - 1\right)$。因此更新 $\boldsymbol{\theta}$ 的计算

复杂度为 $O\left(\dfrac{HWM(r+2)(r+1)}{2} + (2^{r+2}-1)HW\right)$。注意到，当我们设 $r=5, L=200$ 时（本书中的实验章节的设置方式），更新 $\boldsymbol{\mu}, \boldsymbol{c}, \boldsymbol{b}$ 的计算代价与更新 $\boldsymbol{\theta}$ 是相近的。更新 $\mathcal{X}$ 的计算代价主要在于傅里叶变换，即 $O(HWK\log_2 H)$。更新 $\mathcal{B}$ 的计算代价为 $O((K+M)MKHW)$。综上，可以推出每步迭代的总计算代价为 $O\left(\left(LM + \dfrac{M(r+2)(r+1)}{2} + (2^{r+2}-1) + K\log_2 H + (K+M)MK\right)HW\right)$。可以看出所提出的方法的计算代价与前人的最优方法 MCWNNM[24] 是相当的，后者的计算代价为 $O(\max(M^2 P, P^3)HW)$，其中 P 为每个相似块组的相似块总数。

算法 3-1 CDI-MoG 方法的求解

输入： 带噪图像 $\mathcal{Y}$

1 初始化 $\mathcal{X}^{(0)}, \boldsymbol{\theta}^{(0)}, \boldsymbol{c}^{(0)}, \boldsymbol{b}^{(0)}, \boldsymbol{\mu}^{(0)}, \boldsymbol{\pi}^{(0)}$ 和 $\sigma^{(0)}$

2 **for** $l = 1:L$ **do**

3   通过式 (3-21) 更新 E 步

4   通过式 (3-23)、式 (3-24) 和式 (3-25) 更新 $\boldsymbol{\mu}, \boldsymbol{c}, \boldsymbol{b}, \sigma, \boldsymbol{\pi}$ 和 $\boldsymbol{\theta}$

5   **while** 收敛条件未达成 **do**

6   通过式 (3-36) 更新 $\mathcal{X}$，且通过式 (3-38) 更新 $\mathcal{B}$

7   通过式 (3-39) 更新 $\mathcal{L}$ 并令 $\mu = \rho\mu$

8   **end while**

9 **end for**

输出： 去噪结果 $\mathcal{X}^{(L)}$

3.5　实验结果

　　本节在仿真与真实的数据上分别验证所提出的方法的有效性。所使用的对比方法包括如下最新的图像去噪方法：BM3D[22]、WNNM[23]、NCSR[89]、PCLR[94]、EPLL[95]、CBM3D[25] 和 MCWNNM[24]。其中后两个方法是最新的彩色图像去噪方法，前 5 个方法是最新的灰度图像去噪方法，我们将它们逐通道应用到彩色图像上。

　　实现细节　在所提出的方法中，我们设置高斯成分的总数 $L = 200$，设置图像小块的直径为 5 像素。由于 $\mathcal{X}$ 的更新速度比其他参数要慢很多，所以在本书的实验中，我们在其他参数迭代更新 15 次后，更新 1 次 $\mathcal{X}$。

3.5.1　仿真彩色图像去噪实验

　　我们首先在图 3-4所示的 16 个图像上进行 7 个方法的仿真对比实验。采用如下 4 个图像质量评价指标：PSNR、SSIM[75]、FSIM[76] 和 MS-SSIM[96]。这 4 个指标的数值越大，代表图像去噪的效果越好。

图 3-4　仿真实验中使用的 16 个图像

这里的大多数对比方法都需要输入噪声的方差参数。在仿真实验中，我们使用 $\lambda = 0.10^2$ 和 $\lambda = 0.15^2$ 两种方差的高斯噪声，并假设噪声的方差是已知的。

对于两种噪声的情况，我们计算 4 个指标在 16 个数据上的平均去噪结果，并展示在表 3-1 中。从这些定量比较中，可以明显看出所提出方法的优势。具体来说，所提出的方法的平均结果在 4 个评价指标上都超过过去的方法。

表 3-1　8 个方法的 4 个指标在 16 个数据上的平均结果

Noise level	PSNR	SSIM	FSIM	MS-SSIM	PSNR	SSIM	FSIM	MS-SSIM
	$\lambda = 0.10^2$				$\lambda = 0.15^2$			
Noisy	19.998	0.484	0.812	0.295	16.476	0.350	0.728	0.272
BM3D	27.913	0.845	0.925	0.320	25.781	0.782	0.893	0.312
WNNM	28.249	0.852	0.928	0.321	26.185	0.791	0.896	0.313
NCSR	27.963	0.843	0.923	0.320	25.769	0.777	0.883	0.311
PCLR	28.341	0.855	0.930	0.321	26.281	0.796	0.897	0.314
EPLL	27.973	0.850	0.932	0.321	25.972	0.789	0.902	0.313
CBM3D	29.094	0.881	0.935	**0.324**	26.793	0.823	0.904	**0.317**
MCWNNM	29.119	0.874	0.930	0.323	26.926	0.819	0.896	0.316
CDI-MoG	**29.257**	**0.882**	**0.937**	**0.324**	**27.130**	**0.831**	**0.910**	**0.317**

为了进一步观察所提出的方法的实验效果，图 3-5 展示了在一个典型图像上的去噪实例，这里噪声的方差为 $\lambda = 0.15^2$。从图中可以看出，所提出的方法在恢复较细的纹理和全局的结构方面都比其他方法有更好的表现。

所提出的方法的优势可以方便地从图 3-5(f)—(j) 中得到解释。从图 3-5(f) 可以看出所提出的方法估计的本质结

构 μ_l 可以很好地刻画图像的结构和纹理。这是因为，相比传统方法，所提出的方法可以将具有不同方向与颜色的相似图像小块归为一类去估计它们的本质结构，也可以在一定程度上避免因为相似块的方向与颜色的细微不同造成本质结构估计模糊。同时，从图 3-5(g)—(i) 可以看出，所提出的方法估计的 cs、bs 和 θs 与它们的物理意义十分一致。特别地，从图 3-5(j) 中可以看出，所提出的方法首次做到了将不同方向与颜色的相似块聚为一类。

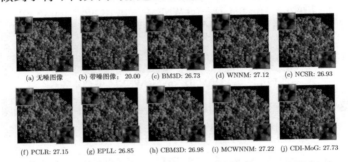

(a) 无噪图像　　(b) 带噪图像：20.00　(c) BM3D: 26.73　(d) WNNM: 27.12　(e) NCSR: 26.93

(f) PCLR: 27.15　(g) EPLL: 26.85　(h) CBM3D: 26.98　(i) MCWNNM: 27.22　(j) CDI-MoG: 27.73

图 3-5　去噪实验结果可视化 (a) 为无噪原图；(b) 为带噪图像；(c)—(j) 为 8 个方法的去噪结果，图像中的视窗将局部区域进行放大，以方便观测结果

3.5.2　真实彩色图像去噪实验

在本小节中，我们在真实的带噪彩色图像数据上检验所提出的方法的有效性，这些真实图像数据来自文献 [97] 和 [98]。真实的带噪彩色图像没有干净的参考图，我们在这里只进行视觉效果的对比实验。噪声的方差是未知的，

我们使用文献 [99] 的方法对噪声的量级进行估计，以便作为对比方法中的输入。

图 3-6 和图 3-7 展示了 8 个方法在两个数据集上的去噪结果，可以看出所提出的方法可以更好地消除噪声，同时又很好地保留了图像结构。

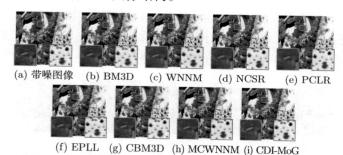

(a) 带噪图像　(b) BM3D　(c) WNNM　(d) NCSR　(e) PCLR

(f) EPLL　(g) CBM3D　(h) MCWNNM (i) CDI-MoG

图 3-6 真实图像[97] 上的结果 **(a)** 为数据集[97] 中的真实带噪图像；**(b)—(i)** 为 8 个方法的去噪结果

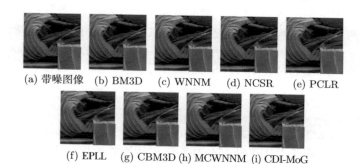

(a) 带噪图像　(b) BM3D　(c) WNNM　(d) NCSR　(e) PCLR

(f) EPLL　(g) CBM3D (h) MCWNNM (i) CDI-MoG

图 3-7 真实图像[98] 上的结果 **(a)** 为数据集[98] 中的真实带噪图像；**(b)—(i)** 为 8 个方法的去噪结果

3.6　小结

通过考虑具有不同颜色和不同纹理方向的图像小块之间的相似性，本章建立了一种新的非局部自相似性模型，称为 CDI-NSS。所提出的先验模型更充分地刻画了图像块之间的自相似性，矫正了相似块之间方向与颜色的差异。我们通过一系列彩色图像的去噪实验，验证了所提出的模型的有效性。

本章研究内容刊于 *SCIENCE CHINA-Information Sciences*(参见科研成果 [6])。

第 4 章

基于生成机制的低剂量 CT弦图去噪

本章首先回顾目前此方向的研究进展，然后提出一种领域知识嵌入的 CT 弦图去噪方法。相比前人的方法，本书在建模过程中充分考虑了 CT 弦图的成像机制，提出了全新的 CT 去噪方法。最后我们在仿真与真实数据实验上验证所提出的方法的有效性。

4.1 引言

计算机断层扫描（CT）技术通过对不同角度采集的多个 X 射线投影图像（弦图）信息进行重组和运算来生成被扫描物体的横截面图像。这项技术由于带来了一种无创的观察患者身体内部的方法，在临床实践和医疗程序中得到了广泛的应用。然而，近期的研究表明，X 射线辐射对身体有潜在的有害影响，包括遗传性疾病和癌症，这引起了患者和医学界越来越多的关注。因此，为了减少辐射对身体的危害，在 CT 扫描的过程中降低 X 射线的剂量非常必要。常见策略是通过减少 CT 扫描协议中的 X 射线管电流和（或）缩短曝光时间设置[26]。然而，由于许多不可避免的物理因素，在没有适当处理的情况下，低剂量 X 射线的投影数据往往夹带明显的噪声，这也造成了低剂量 CT 图像的质量严重下降[2-3]。因此，低剂量 X 射线的投影数据去噪在近年来引起了广泛关注。

正如我们在第 1 章中所述及的，低剂量 CT 弦图与投影数据之间是对数变换的关系，其中图像先验的建模在弦图上进行比较合适，而噪声是在投影数据形成的阶段混入的。如图 4-1 所示，在投影数据的形成过程中，噪声由两部分组成，即 X 射线的量子涨落与仪器造成的背景电噪声[2,100]。其中，X 射线的量子涨落可以看作一系列量子的随机性的复合，这部分噪声是人类的物理认知中不可消除的。每个量子的随机性一般可以用二项分布来合理刻画，因此 X 射线的量子随机性可以看作多个二项分布的组合，即复合泊松分布。这部分噪声在低剂量情形下将起主导作用。仪器造成的背景电噪声一般是由许多因素共同作用的小量级噪声，这部分噪声一般适合用一个零均值小方差的高斯分布来建模，且在实际中其方差一般是可测量的[3,101]。为了从低剂量 CT 投影数据重建高质量图像，我们需要同时对这两种噪声进行处理。

量子涨落的分布十分接近泊松分布，在所有像素点处它的方差 v 和均值 μ 是相等的。因此，可以推出 $\lim_{\mu \to 0} \sqrt{v}/$

$\mu = \lim_{\mu \to 0} 1/\sqrt{\mu} = +\infty$，在均值趋于 0 的时候，标准差与均值的比值将趋于无穷。这说明了在剂量低的情况下，量子涨落将引起很大的噪声。另外，背景电噪声对投影数据的影响也是很大的[3,102]，并且在数据中剂量低到与仪器噪声级别相当的位置影响尤其明显，而投影数据中剂量最低的位置往往在人体的骨成分投影上，而此成分正是 CT 图像所关心的。

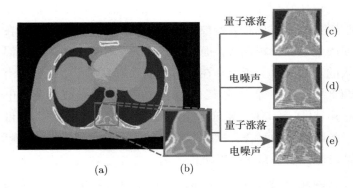

图 4-1　CT 图像的不同类型噪声示意　(a) 无噪的 CT 图像；
(b) 一个局部小区域的放大；(c) 在投影数据中加入仿真量子涨落之后的成像结果；(d) 在投影数据中加入仿真高斯电背景噪声之后的成像结果；(e) 同时加入仿真量子涨落与高斯背景电噪声之后的成像结果

　　目前的方法主要包括两类：对数后噪声建模和对数前噪声建模。对数后噪声建模方法在弦图数据上进行噪声建模[27-29,103]，一般将各像素点的噪声建模为高斯分布。其中最典型的方法为 PWLS，通过假设不同像素点的噪声满足不同方差的高斯分布，推导出一个加权二范数形式的损失函数，结合弦图数据的平滑正则，从而得到完整的去噪模型[27-29]。这类方法一般求解很方便，但负对数变换后的噪声模态往往十分复杂，且数据的均值估计存在如下偏差：$\mathbb{E}[-\lg \boldsymbol{X}] \geqslant -\lg \mathbb{E}[\boldsymbol{X}]$。因此，在弦图数据（投影数据负对数变换的结果）上进行噪声建模是十分困难的，常见的高斯分布模型往往不精确。

对数前的 CT 弦图去噪方法使用 Beer-Lambert 定律构造前向模型，并直接从测量值的泊松分布假设中恢复对数前的投影数据，最经典的例子为惩罚似然法（PL）[30-32]。使用适当的统计模型，对数前方法可以很好地建模测量数据的非负性。为了进一步考虑电噪声的影响，现有方法还采用了在对数前投影域中的移位泊松分布[30-31]和位移高斯[31]模型。但是，这些方法仍然只是以启发式近似的方式考虑背景电噪声，并且没有完全考虑固有的"泊松 + 高斯"统计性质。本章的研究重点在于提出了一个描述光子统计的统计特性和背景电噪声生成机制的通用模型（通用框架）。

在很多前人的方法中，许多弦图的先验模型已经被提出，这些模型在去噪的过程中发挥了关键的作用[27,32,103-106]。这些先验模型一般体现为目标函数的正则项的形式。一类最常用的正则项是弦图差分场的二范数正则形式，用以刻画弦图的平滑性。然而，该模型没有考虑弦图各横向与纵向平滑性不同的因素，因此效果也仍有提升的空间。另一种常用的正则化是基于非二次惩罚模型[103,106]。这类模型虽然比二范数模型有更高的自由度和设计空间，但是仍然只是对差分场的稀疏性进行建模，比较适合具有成片常值的数据，而不适用于全局一直有渐变的弦图数据。

在本书中，我们尝试充分利用对数前投影数据的统计特性和对数后正弦图数据的先验知识构建 CT 弦图去噪模型，主要包含以下三个方面的贡献。

• 提出了一个全新的弦图去噪模型，充分刻画了量子涨落与背景电噪声的统计性质，取代了传统的启发式或近似模型。该模型是 CT 弦图噪声生成机制的通用框架，可以很容易地扩展到 CT 弦图上的其他任务中。模型中的所有参数都可以通过最大后验估计得到，且模型不涉及需要人工调整的权重参数。

• 提出了一种新的 CT 弦图先验模型。与传统的先验模型相比，所提出的先验模型对弦图的分片线性结构给出了更可靠的表示，即弦图的拟合函数可以通过局部区域的一系列平面的组合来很好地逼近。

• 利用增广交替方向乘子法（ADMM）设计了求解该模型的有效算法[57]。算法的每一步都可以高效地求解。最后，本书通过仿真和实际低剂量 CT 数据上的实验，验证了该方法的优势。

4.2　符号定义和背景知识

对于整数 Q，我们记其阶乘 $1 \times 2 \times \cdots \times Q$ 为 $Q!$。

定义 $Y \in \mathbf{R}^N$ 为矩阵 $Y \in \mathbf{R}^{m \times n}$ 的向量化，其中 $N = mn$，y_{ij} 为 Y 中第 i 行第 j 列的元素。定义 $Z = [Z^h, Z^v]$ 为 Y 的差分矩阵，其中 Z^h 和 Z^v 的定义分别为

$$z_{ij}^h := y_{i,j+1} - y_{ij}, \quad z_{ij}^v := y_{i+1,j} - y_{ij}$$

我们引入 D_h 和 D_v 这两个差分算子，它们的定义如下：

$$D_h Y = Z^h, \quad D_v Y = Z^v \qquad (4\text{-}1)$$

我们可以通过如下运算来定义一阶差分算子 $D_1 \in \mathbf{R}^{2N \times N}$ 和二阶差分算子 $D_2 \in \mathbf{R}^{4N \times N}$：

$$\begin{aligned} D_1 Y &= \mathrm{vec}(Z), \\ D_2 Y &= \mathrm{vec}([D_h Z^h, D_h Z^v, D_v Z^h, D_v Z^v]) \end{aligned} \qquad (4\text{-}2)$$

可以看出，在上述定义下，最常见的 TV 范数的形式可以表达为

$$\|Y\|_{\mathrm{TV}} = \sum_{i=1}^{2N} |(D_1 Y)_i|_p^p = \|D_1 Y\|_p^p \qquad (4\text{-}3)$$

其中，$p > 0$ 代表形状参数，这个范数作为正则项在很多图像处理[93,107-109] 和 CT 处理方法[31,110-112] 中都得到了广泛应用。

4.3　模型框架

在本节中，我们将给出所提出的 CT 弦图的后验分布模型。在模型中，我们严格地考虑了两种噪声的生成机制

（传统方法中的噪声建模大多数只是近似地应用了噪声的生成机制），并给出了 CT 弦图的一个合理的先验分布。

4.3.1 投影数据的生成模型

我们将 CT 扫描得到的弦图数据记为一维向量 $\tilde{\boldsymbol{Y}}$，其元素定义为 $\tilde{Y}_i$，$i = 1, \cdots, N$。其中 N 是 CT 扫描过程中测量的总数，它等于探测器数量 m 与投影角度总量 n 的乘积。根据 Beer-Lambert 定律，在无噪的环境下，CT 的投影数据 P 与弦图数据 $\tilde{Y}_i$ 满足以下关系：

$$P_i = I_{0i} e^{-\tilde{Y}_i}$$

其中，I_{0i} 表示沿第 i 个投影路径的入射 X 射线强度。

在实际中，投影数据 P 往往混有噪声，我们可以将它的生成模型写为如下数学形式：

$$P = Q + \varepsilon \tag{4-4}$$

其中，$Q \in \mathbf{N}^N$ 为探测器记录的量子数，$\varepsilon \in \mathbf{R}^N$ 为背景电噪声。这两项中分别包含量子涨落与仪器误差这两种噪声来源。

ε 中的噪声一般是由许多仪器因素引起的小噪声混合而成的，这种类型的噪声一般可以假设为如下分布：

$$\varepsilon_i \sim \mathcal{N}(\varepsilon_i | 0, \sigma^2) = \frac{1}{\sqrt{2\pi}\sigma} e^{-\frac{\varepsilon_i^2}{2\sigma^2}} \tag{4-5}$$

其中，σ^2 为噪声的方差，这个值在实际中一般是可测量的。

Q 是仪器测量的量子的量。由于量子具有不确定性，所以这个观测值一般在理想值附近波动，并可以建模为如下泊松分布[31,113]：

$$Q_i \sim \mathcal{P}(Q_i|O_i) = \frac{O_i^{Q_i}}{Q_i!} \mathrm{e}^{-O_i} \qquad (4\text{-}6)$$

其中，O 代表理想观测（不带噪声的观测），同时它也是分布的期望。

定义 $\boldsymbol{Y}$ 为不带噪声的弦图，那么它满足

$$O_i = I_{0i}\mathrm{e}^{-Y_i} \qquad (4\text{-}7)$$

结合式 (4-6) 和式 (4-7)，可以得到如下条件分布：

$$p(Q|\boldsymbol{Y}) = \prod_{i=1}^{N}\left(\frac{\left(I_{0i}\mathrm{e}^{-Y_i}\right)^{Q_i}}{Q_i!}\exp\left(-I_{0i}\mathrm{e}^{-Y_i}\right)\right) \qquad (4\text{-}8)$$

同时，通过式 (4-5)，可以得到

$$p(P|Q) = \frac{1}{(2\pi)^{N/2}\sigma^N}\mathrm{e}^{-\frac{\|P-Q\|_2^2}{2\sigma^2}} \qquad (4\text{-}9)$$

结合式 (4-8) 和式 (4-9)，可以得到如下分布形式的弦图数据生成模型：

$$\begin{aligned}
p(P,Q|\boldsymbol{Y}) &= p(P|Q)p(Q|\boldsymbol{Y}) \\
&= \prod_{i=1}^{N}\left(\frac{\left(I_{0i}\mathrm{e}^{-Y_i}\right)^{Q_i}}{Q_i!}\exp\left(-I_{0i}\mathrm{e}^{-Y_i}\right)\right)\cdot \\
&\quad \frac{1}{(2\pi)^{N/2}\sigma^N}\mathrm{e}^{-\frac{\|P-Q\|_2^2}{2\sigma^2}}
\end{aligned} \qquad (4\text{-}10)$$

注意到，在这个模型中，CT 弦图噪声的两个主要成因都得到了充分的考虑与刻画。

4.3.2 弦图先验模型

传统 CT 弦图先验建模一般直接使用现有的自然图像先验模型，然而 CT 弦图与自然图像存在较大差异。以 TV 正则为例，TV 正则是弦图去噪最常用的正则项之一，适合对由大片连续常值构成的数据进行刻画。然而，如图 4-2 所示，CT 弦图中很少存在连续常值，大多数区域都是连续的渐变值，因此类似 TV 范数的传统正则项并不是很适合用来进行 CT 弦图的刻画。

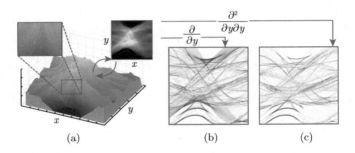

图 4-2　弦图结构的可视化 (a) 弦图数据在三维坐标中的流形展示，其中，右上角的小框是对应的弦图数据的灰度图展示，左上角的小框是局部数据的放大结果；(b) 一阶差商场的可视化；(c) 二阶差商场的可视化，其中，颜色越深代表值越大

本小节我们将结合 CT 弦图独有的结构特点进行先验建模。从图 4-2 (a) 中我们可以看出，CT 弦图的流形结构可以近似地看作由若干平面拼接而成，即具有分片线性的结构。因为线性函数的二阶导函数为 0，所以 CT 弦图流

形的二阶梯度场将十分稀疏，如图 4-2 (c) 所示。同时，从图中可以看出，弦图的一阶梯度场并不稀疏，这也说明了传统的基于一阶梯度场构造的先验模型并不合适。

本书中，我们基于二阶差商的稀疏性提出一种新的先验模型，其数学形式如下：

$$\boldsymbol{Y} \sim c_f \mathcal{L}\left(f(\boldsymbol{Y}) \Big| 0, b^2, \frac{1}{2}\right) = \frac{2^M c_f}{\Gamma(3)^M b^{2M}} e^{-\frac{2\|f(\boldsymbol{Y})\|_{1/2}^{1/2}}{b}}$$

(4-11)

其中，$\mathcal{L}\left(f(\boldsymbol{Y}) \Big| 0, b^2, \frac{1}{2}\right)$ 是指数幂分布（或超拉普拉斯分布）[114]，b 为尺度参数。研究表明，这种分布适合对具有稀疏性的数据进行刻画[93,115]。这里，$f : \mathbf{R}^N \to \mathbf{R}^M$ 表示一个线性变换，c_f 是一个与 f 相关的正常数，用来对分布进行标准化。可以看出，式 (4-11) 可以用来对线性变换后具有稀疏性的数据进行刻画。本书中，我们取

$$f(\boldsymbol{Y}) = \boldsymbol{D}_2 \boldsymbol{Y}$$

(4-12)

其中，$\boldsymbol{D}_2$ 是上文定义的二阶差分矩阵。可以看出，所提出的模型能够刻画 $\boldsymbol{Y}$ 在二阶差分之后的稀疏。为了记号方便，在下文中，我们记 $\|\boldsymbol{D}_2(\cdot)\|_{1/2}^{1/2}$ 为 TV^2，即二阶 TV 范数。

通过对常函数 b 进一步引入无信息先验 $p(b)$（常函数形式），我们可以得到如下的联合先验分布：

$$p(\boldsymbol{Y}, b) = p(b)p(\boldsymbol{Y}|b) \propto \frac{1}{b^{2M}} e^{-\frac{2\|\boldsymbol{D}_2 \boldsymbol{Y}\|_{1/2}^{1/2}}{b}}$$

(4-13)

可以看出式 (4-13) 能够合理地刻画弦图数据分片线性的结构先验模型。

4.3.3 最大后验估计

结合式 (4-10) 和式 (4-13)，我们可以得到如下的后验分布：

$$p(Q, \boldsymbol{Y}, b|P) = \frac{p(P, Q|\boldsymbol{Y})p(\boldsymbol{Y}, b)}{p(P)} \propto$$
$$\frac{1}{b^{2M}}\exp\left(-\frac{\|P - Q\|_2^2}{2\sigma^2} - \frac{2\|\boldsymbol{D}_2\boldsymbol{Y}\|_{1/2}^{1/2}}{b}\right) \cdot$$
$$\prod_{i=1}^{N}\left(\frac{(I_{0i}\mathrm{e}^{-Y_i})^{Q_i}}{Q_i!}\exp\left(-I_{0i}\mathrm{e}^{-Y_i}\right)\right)$$

$$(4\text{-}14)$$

其中，$p(P)$ 代表 P 的分布，它是一个固定值。通过求解上面分布的最大后验估计，我们可以求得待估计的弦图 $\boldsymbol{Y}$。最大后验估计问题为

$$\max_{Y,Q,b}\sum_{i=1}^{N}\left(-\frac{(P_i - Q_i)^2}{2\sigma^2} + Q_i\ln(I_{0i}) - Q_iY_i - \ln(Q_i!) - I_{0i}\mathrm{e}^{-Y_i}\right) -$$
$$\frac{2}{b}\|\boldsymbol{D}_2\boldsymbol{Y}\|_{1/2}^{1/2} - 2M\ln(b)$$

$$(4\text{-}15)$$

引入一个辅助变量 $\boldsymbol{Z} = \boldsymbol{D}_2\boldsymbol{Y}$，可以将式 (4-15) 转化

为如下问题：

$$\max_{Y,Q,b} \sum_{i=1}^{N} \left(-\frac{(P_i - Q_i)^2}{2\sigma^2} + Q_i \ln(I_{0i}) - Q_i Y_i - \ln(Q_i!) - I_{0i} e^{-Y_i} \right) - \frac{2}{b} \|Z\|_{1/2}^{1/2} - 2M \ln(b) \quad \text{s.t. } D_2 Y = Z$$

$$(4\text{-}16)$$

这个问题可以通过 ADMM 算法求解。

4.3.4　模型讨论

事实上，如果在式 (4-11) 中定义线性模型为如下的一阶差商场：

$$f(Y) = D_1 Y$$

其中，D_1 为前面章节定义的一阶差分矩阵，我们可以得到如下先验分布形式：

$$p(Y, b) \propto \frac{1}{b^{2M'}} e^{-\frac{2\|D_1 Y\|_{1/2}^{1/2}}{b}} \quad (4\text{-}17)$$

那么，可以得到如下正则项：

$$R(Y) = \|D_1 Y\|_{1/2}^{1/2}$$

这正是式 (4-3) 定义的一种十分常用的非凸 TV 范数的形式。这说明所提出的模型可以退化到传统的经典模型。

4.4 ADMM 算法

本节我们通过 ADMM 算法求解问题 (4-16)。式 (4-16) 的增广拉格朗日函数为

$$
\begin{aligned}
L_\mu(Q, \boldsymbol{Y}, \boldsymbol{Z}, b, \Lambda) = & \sum_{i=1}^{N} \left(\frac{(P_i - Q_i)^2}{2\sigma^2} - Q_i \ln(I_{0i}) + \right. \\
& \left. Q_i Y_i + \ln(Q_i!) + I_{0i} \mathrm{e}^{-Y_i} \right) + \\
& \frac{2}{b} \|\boldsymbol{Z}\|_{1/2}^{1/2} + 2M \ln(b) + \Lambda^{\mathrm{T}}(\boldsymbol{D}_2 \boldsymbol{Y} - \boldsymbol{Z}) + \\
& \frac{\mu}{2} \|\boldsymbol{D}_2 \boldsymbol{Y} - \boldsymbol{Z}\|_2^2
\end{aligned}
$$

$$(4\text{-}18)$$

其中，$\Lambda \in \mathbf{R}^M$ 为拉格朗日乘子，μ 是一个正常数。

当其他变量固定时，变量 Q 可以通过求解 $\min_Q L_\mu(Q, \boldsymbol{Y}, \boldsymbol{Z}, b, \Lambda)$ 来更新，即求解

$$
\min_Q \sum_{i=1}^{N} \left(\frac{(P_i - Q_i)^2}{2\sigma^2} + Q_i(Y_i - \ln(I_{0i})) + \ln(Q_i!) \right) \quad (4\text{-}19)
$$

这个问题可以对每个元素 Q_i 逐一进行求解：

$$
\min_{Q_i} h(Q_i) = \frac{(P_i - Q_i)^2}{2\sigma^2} + Q_i(Y_i - \ln(I_{0i})) + \ln(Q_i!) \quad (4\text{-}20)
$$

这个问题可以方便地通过算法 4-1求解。

算法 4-1 更新 Q

输入: Y, P, I_0, σ

 1 将 Q 初始化为上一个迭代步得到的 Q

 2 **for** $i = 1 : N$ **do**

 3   **while** $h(Q_i) > h(Q_i + 1)$ **do**

 4       $Q_i = Q_i + 1$

 5   **end while**

 6   **while** $h(Q_i) < h(Q_i + 1)$ **do**

 7       $Q_i = Q_i - 1$

 8   **end while**

 9 **end for**

输出: $Q^+ = Q$

当其他变量固定时,变量 Y 可以通过求解 $\min_Y L_\mu(Q, Y, Z, b, \Lambda)$ 来更新,即求解如下子问题:

$$\min_Y \frac{\mu}{2}\|D_2 Y - Z + \mu^{-1}\Lambda\|_2^2 + \sum_{i=1}^{N}\left(Q_i Y_i + I_{0i}\mathrm{e}^{-Y_i}\right) \quad (4\text{-}21)$$

这是一个对元素可分的凸优化问题,许多现有的方法都可以用来求解这个问题。在本书中,我们使用加速近端梯度下降法来求解式 (4-21)[116]。通过目标函数在 $\hat{Y}^{(l)}$ 处的二阶近似,我们可以得到如下优化问题:

$$\mathcal{Q}(Y, \hat{Y}^{(l)}) = \frac{\mu}{2}\|D_2 Y - Z + \mu^{-1}\Lambda\|_2^2 + \left(Q - I_0 \odot \mathrm{e}^{-\hat{Y}^{(l)}}\right)^{\mathrm{T}} \cdot$$
$$(Y - \hat{Y}^{(l)}) + \frac{\tau}{2}\|Y - \hat{Y}^{(l)}\|_2^2$$

$$(4\text{-}22)$$

其中,$\odot$ 定义为对应元素之间的乘法,参数 τ 可以设置为 I_0 中的最大值。进一步地,我们容易证明求解 $\min_Y \mathcal{Q}(\boldsymbol{Y}, \hat{\boldsymbol{Y}}^{(l)})$ 时的闭式解为[93]

$$\boldsymbol{Y}^{(l)} = \text{ifft}$$

$$\left(\frac{\text{fft}\left(\boldsymbol{D}_2^{\text{T}}(\boldsymbol{Z} - \mu^{-1}\Lambda) + \dfrac{\tau}{\mu}\left(\hat{\boldsymbol{Y}}^{(l)} - \dfrac{1}{\tau}\left(Q - I_0 \odot \mathrm{e}^{-\hat{\boldsymbol{Y}}^{(l)}} \right) \right) \right)}{\dfrac{\tau}{\mu} + (\text{fft}(\boldsymbol{D}_h))^4 + 2(\text{fft}(\boldsymbol{D}_h))^2 \odot (\text{fft}(\boldsymbol{D}_v))^2 + (\mathcal{F}(\boldsymbol{D}_v))^4} \right)$$

$$(4\text{-}23)$$

其中, $\text{fft}(X)$ 与 $\text{ifft}(X)$ 分别定义为 $\boldsymbol{X}$ 的 2 维快速傅里叶变换与快速傅里叶逆变换, $\boldsymbol{X}$ 为 X 的矩阵形式,即 $X = \text{vec}(\boldsymbol{X})$, $\| \cdot \|_1$ 的定义为元素的绝对值的求和。完整求解式 (4-21) 的算法见算法 4-2。

算法 4-2 更新 Y

输入: I, Z, Λ, μ, $Y^{(0)}$

  1 初始化: $\hat{Y}^{(1)} = Y^{(0)}\hat{Y}^{(1)}$, $t^{(1)} = 1$

  2 **for** $l = 1 : L$ **do**

  3   通过式 (4-23) 更新 $\boldsymbol{Y}^{(l)} = \arg\min_Y \mathcal{Q}(\boldsymbol{Y}, \hat{\boldsymbol{Y}}^{(l)})$

  4   更新 $t^{(l+1)} = \dfrac{1 + \sqrt{1 + 4t^{(l)^2}}}{2}$

  5   更新 $\hat{Y}^{(l+1)} = Y^{(l)} + \left(\dfrac{t^{(l)} - 1}{t^{(l+1)}} \right)(Y^{(l)} - Y^{(l-1)})$

  6 **end for**

输出: $Y^+ = Y^{(l)}$

当其他变量固定时, $\boldsymbol{Z}$ 可以通过求解问题 $\min_Z L_\mu(Q,$

$\boldsymbol{Y}, \boldsymbol{Z}, b, \Lambda$) 来更新，即

$$\min_{\boldsymbol{Z}} \frac{2}{\mu b} \|\boldsymbol{Z}\|_{1/2}^{1/2} + \frac{1}{2} \|\boldsymbol{D}_2 \boldsymbol{Y} + \mu^{-1} \Lambda - \boldsymbol{Z}\|_2^2 \qquad (4\text{-}24)$$

这个问题的局部最优解为如下解析形式：

$$\boldsymbol{Z}^+ = \mathrm{S}_{\frac{2}{\mu b}} (\boldsymbol{D}_2 \boldsymbol{Y} + \mu^{-1} \Lambda) \qquad (4\text{-}25)$$

其中，$\mathrm{S}_\lambda(\cdot)$ 是阈值算子，定义为

$$\mathrm{S}_\lambda(x) = \begin{cases} \dfrac{2}{3} x \left(1 + \cos\left(\dfrac{2\pi}{3} - \dfrac{2}{3}\phi_\lambda(x)\right)\right) & |x| > \dfrac{\sqrt[3]{54}}{4}(\lambda)^{2/3} \\ \qquad\qquad 0, & \text{其他} \end{cases}$$

$$(4\text{-}26)$$

其中，$\phi_\lambda(x) = \arg\cos\left(\dfrac{\lambda}{8}\left(\dfrac{|x|}{3}\right)^{-\frac{3}{2}}\right)$。

当其他变量固定时，b 可以通过求解 $\min_b L_\mu(Q, \boldsymbol{Y}, \boldsymbol{Z}, b, \Lambda)$ 来更新，即求解

$$\min_b \frac{2}{b} \|\boldsymbol{Z}\|_{1/2}^{1/2} + 2M \ln(b) \qquad (4\text{-}27)$$

通过让目标函数的导数为 0，我们可以推出 b 的更新公式为

$$b^+ = \frac{\|\boldsymbol{Z}\|_{1/2}^{1/2}}{M} \qquad (4\text{-}28)$$

问题 (4-16) 的完整算法可见算法 4-3。在算出 Y 之后，我们可以用 FBP 方法重建 CT 图像。在本书中，我们设所提出的算法的参数 ρ 为接近 1（例如 $\rho = 1.1$）的数，以便保证 μ 的变化不至于过于剧烈，同时也保证算法和迭代

过程的稳定性[117]。在所有实验中，我们设 μ 为 100。值得注意的是，对于大多数过去的方法，正则项权重的选取十分重要，本书中我们将这个参数的选取转化为统计量 b 的估计，使它能在最大后验估计的框架自动选取。在本书的所有实验中，我们简单将其初始化为 $[1,2]$ 中的一个正数。

算法 4-3 IMAP-TV^2

输入: $P = I_0 \odot e^{-\hat{Y}}$, I_{0i}

1 初始化 μ, b, ρ, $\Lambda = 0$, $Y = \max\{\ln I_0 - \ln P, 0\}$

2 **while** 不收敛 **do**

3   通过算法 4-1 更新 Q

4   通过算法 4-2 更新 Y

5   通过式 (4-25) 更新 Z

6   通过式 (4-28) 更新 b

7   通过 Λ 更新 $\Lambda^+ = \Lambda + \mu(D_2 Y - Z)$

8   令 $\mu^+ = \rho\mu$

9 **end while**

输出: 去噪结果 Y

4.5　实验结果

本节我们通过在仿真与真实数据上的数值实验，验证所提出的方法的有效性。

4.5.1　对比方法

我们选取如下对比方法来进行实验：作为对数前方法代表的 PL[31]、最新的对数后方法 PWLS[27] 及典型的图像重建算法 POCS-TV[118]。进一步，为了分别验证所提出的生成模型 (4-10) 与先验模型 (4-13) 的作用，我们构造了如下两个方法以便进行更丰富的对比实验。第一个方法叫 IMAP-TV (maximum a posteriori with TV-norm regularization)，这个方法采用了所提出的生成模型与经典的 TV 正则构造而成。第二个方法叫 PWLS-TV²，这个方法由所提出的先验模型与 PWLS 方法的生成模型

$$p(\hat{Y}|Y) = \mathcal{N}(\hat{Y}|Y, \Sigma) \tag{4-29}$$

组合而成，这里 Σ 是对角矩阵[119]。这个对比方法用于验证所提出的生成模型 (4-10) 的有效性。同时，我们也对比了不进行弦图去噪直接重建 CT 图像的 FBP 方法。

我们用峰值信噪比（PSNR）值的最大化为指示对所有方法的参数进行选取，以保证公平比较。

4.5.2　数字影像数据实验

我们在如图 4-3 (a) 所示的数字影像数据 XCAT[120] 上进行实验。XCAT 数字体模包括左心室、主动脉、健康心肌、缺血心肌和右心室，并且可以通过仿真的方法生成[31,121] 带噪声的低剂量影像。在我们的实验中，对于无噪声的弦图 Y，其带噪的投影数据 P_i 可以通过在每个像素点上依噪声的生成分布 (4-4) 来产生噪声，其中我们设背景电噪声的方差 σ^2 为 11。我们仿真了 80 kVp 下 20 mAs 剂量时的噪声水平进行实验。

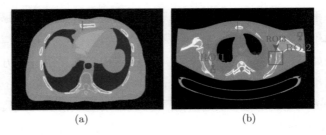

图 4-3　所用数据可视化 (a) 为数字影像数据 XCAT 的第一帧; (b) 为仿真体模数据展示

　　图 4-4 为 7 个对比方法在 XCAT 数据上的实验结果。从图中可以看出弦图去噪后再重建的结果优于直接 FBP

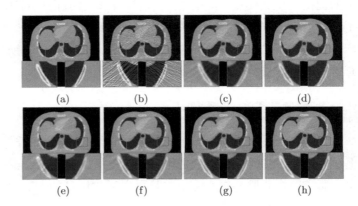

图 4-4　XCAT 数据上的实验结果 (a) 无噪图像; (b)—(h) FBP、PL、PWLS、POCS-TV、PWLS-TV^2、IMAP-TV 和 IMAP-TV^2 7 个方法在 20 mAs 剂量时的重建结果。为了便于观察,每幅图像中的标定区域放大 3 倍进行展示

重建的结果。同时，我们可以看出 PL、PWLS、POCS-TV 和 PWLS-TV² 在平滑的区域仍有噪声存在，同时在细节处又过于平滑。IMAP-TV 和 IMAP-TV² 这两个方法可以把噪声去除得更干净，其中 IMAP-TV² 能同时把图像的细节恢复得更好。进一步，我们在图 4-5 中展示了局部区域的纵向截线图（ $x = 245$，y 从 155 到 180 ）。从图中可以看出，所提出的 IMAP-TV² 取得了显著优于对比方法的结果。

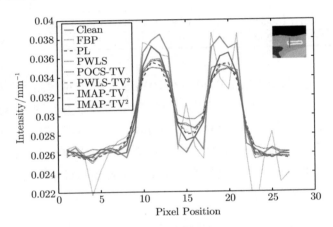

图 4-5　无噪声图像的垂直剖面和 **7** 种方法在 **XCAT** 数据 **20 mAs** 剂量下的恢复结果的垂直剖面。垂直剖面位于 $x=245$, $y \in$ [150, 180] 像素位置，如图 **4-3 (a)** 所标记（见彩插）

　　表格 4-1 展示了 7 个对比方法 CT 重建的数值结果，其中评价指标包括 PSNR、FSIM 和 NMSE（Normalized-Mean-Square Error）。其中，PSNR 和 FSIM 的值越高，

代表重建的质量越高。相反地，NMSE 的值越低代表重建的质量越高。从表格中可以看出，所提出的方法在 3 个指标上都得到了远超对比方法的结果。

表 4-1　XCAT 数据上 7 个对比方法的 PSNR、FSIM 和 NMSE 结果

图像质量指标	FBP	PL	PWLS	POCS-TV	PWLS-TV^2	IMAP-TV	IMAP-TV^2
PSNR	19.91	32.95	33.66	34.86	34.25	34.63	**35.34**
FSIM	0.687	0.932	0.931	0.953	0.940	0.947	**0.958**
NMSE	0.326	0.068	0.064	0.056	0.059	0.056	**0.052**
Time (s)	24.4	26.7	26.9	698.2	36.9	27.8	30.4

通过比较 IMAP-TV^2 和 PWLS-TV^2 的重建结果可以看出，所提出的生成模型 (4-10) 能够有效提升弦图去噪的效果。通过比较 IMAP-TV^2 和 IMAP-TV 的重建结果，可以看出，所提出的分片线性先验模型 (4-13) 也给去噪的效果带来显著提升。这些实验结果非常好地验证了所提出的两项模型的合理性。

4.5.3　仿真体模数据实验

体模数据是由扫描设备在 120 kVp 下，17 mAs、40 mAs、60 mAs 和 100 mAs 4 个剂量下对固定位置的人体模型进行扫描的结果。图 4-3(b) 展示了 100 mAs 下 150 次扫描的平均结果的重建图像，在本实验中，我们以它作为参考指标进行对比实验。

图 4-6 是 7 个对比方法的结果展示，从图中可以看出，所提出的方法在本数据上取得了优于对比方法的视觉效果。图 4-7 中展示了局部区域的纵向截线图（$x = 240$，y 从 160 到 195）。从图中可以看出，所提出的 IMAP-TV^2 的结果相比其他方法，更接近真实结果。图 4-8 展示了 7 个对比方法所得到的结果在图 4-3(b) 中 ROI 3 区域的向量场图[122]。从图中可以看出，所提出的方法的结果最接近真实结果，在均匀区域的箭头更短，在边缘区域的箭头更均匀。图 4-9 展示了 7 个对比方法的残差场图○。从图中可以看出，IMAP-TV^2 所得的结果在平坦区域与边缘区域都更接近 0。

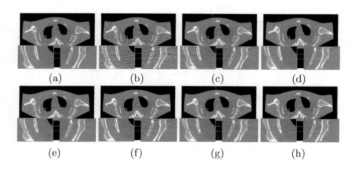

图 4-6 体模数据上的实验结果 (a) 不带噪的仿真体模数据；(b)—(h) FBP、PL、PWLS、POCS-TV、PWLS-TV^2、IMAP-TV 和 IMAP-TV^2 7 个方法在 20 mAs 剂量时的重建结果。为了便于观察，每幅图像中的标定区域放大 3 倍进行展示

○ 通过 $E = |X_0 - X_{\text{recovery}}|$ 计算得到。

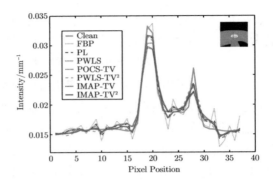

图 4-7　无噪声图像的垂直剖面和 **7** 种方法在 **XCAT** 数据 **17 mAs** 剂量下的恢复结果的垂直剖面。垂直剖面位于 $x=240, y \in [160—195]$ 像素位置，如图 **4-3 (b)** 所标记（见彩插）

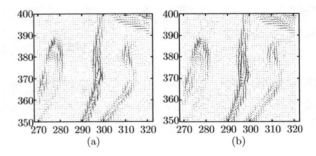

图 4-8　图 4-3 (b) 中 ROI 3 区域的向量场图展示 (a) 无噪声图像的向量场图；(b)—(h) FBP、PL、PWLS、POCS-TV、PWLS-TV^2、IMAP-TV 和 IMAP-TV^2 的重建结果的向量场图

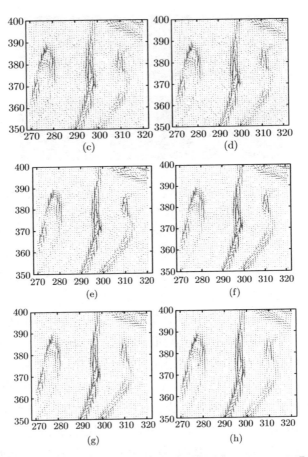

图 4-8 图 4-3 (b) 中 **ROI 3** 区域的向量场图展示 (a) 无噪声图
像的向量场图；(b)—(h) **FBP、PL、PWLS、POCS-
TV、PWLS-TV**^{2}、**IMAP-TV** 和 **IMAP-TV**^{2} 的重
建结果的向量场图（续）

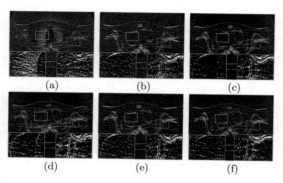

(a)　　　　　(b)　　　　　(c)

(d)　　　　　(e)　　　　　(f)

图 4-9　重建结果的残差可视化 (a)—(f) PL、PWLS、POCS-TV、PWLS-TV^2、IMAP-TV、IMAP-TV^{2}在 17 mAs 剂量时的重建结果的残差。为了便于观察每幅图像中的标定区域放大 3 倍进行展示

在这个数据中，我们也给出了对比方法在 PSNR、FSIM 和 NMSE 三个图像质量指标下的对比结果，如表 4-2所示。可以看出，所提出的 IMAP-TV^2 方法在不同剂量下的总体结果都超过其他方法。其数值指标在 40 mAs 和 60 mAs 时与使用了复杂的图像域迭代的 POCS-TV 方法相当，在 17 mAs 明显超过 POCS-TV。考虑到 POCS-TV 的计算效率远低于其他几个对比方法，所提出的方法仍然具有优势。图 4-10 展示了 7 个对比方法在两个平坦区域的均值与标准差结果（图 4-3中的 ROI1 和 ROI2）。可以看出，与其他方法相比，所提出的方法能得到更低的标准差与更接近真实结果的均值。实验结果表明，所提出的 IMAP-TV^2 方法在常规 CT 成像研究中可以达到约 80% 的降噪效果，进一步证明了该方法在噪声/伪影抑制和 CT 恢复方面的有效性。

表 4-2　用不同剂量下的对比方法对人体模型数据进行去噪的 PSNR、FSIM 和 NMSE 结果

图像质量指标	dose	FBP	PL	PWLS	POCS-TV	PWLS-TV²	IMAP-TV	IMAP-TV²
PSNR	17 mAs	27.83	36.12	36.20	37.89	37.34	37.45	**38.42**
	40 mAs	31.96	38.02	38.04	40.62	39.82	39.06	**40.67**
	60 mAs	33.95	39.08	39.21	**41.80**	40.87	40.14	41.74
FSIM	17 mAs	0.884	0.958	0.963	0.968	0.968	0.969	**0.975**
	40 mAs	0.935	0.973	0.976	**0.984**	0.980	0.979	**0.984**
	60 mAs	0.953	0.979	0.981	**0.988**	0.983	0.984	**0.988**
NMSE	17 mAs	0.189	0.0723	0.072	0.059	0.063	0.066	**0.056**
	40 mAs	0.117	0.058	0.059	**0.043**	0.047	0.054	**0.043**
	60 mAs	0.093	0.052	0.051	**0.038**	0.042	0.047	**0.038**
Mean Time (s)		24.5	25.9	25.5	671.1	35.4	26.8	29.3

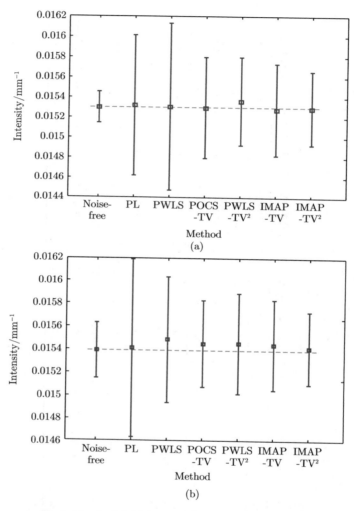

图 4-10　7 个方法在 ROI 区域的重建结果对比

4.5.4 临床猪心数据研究

经过天津医科大学总医院动物保护委员会批准，本研究选用了健康的中国小型猪（体重 22.5kg，雌性）进行实验数据的采集。在实验中，我们以 120 kVp 下 100 mAs 剂量采集的结果作为参考的标准结果，以 20 mAs 剂量采集的结果作为低剂量的实验数据。

图 4-11 展示了第 8 帧数据在 7 个对比方法下的建构结果。可以看出，所提出的 IMAP-TV^2 可以得到与高剂量数据最为接近的结果。为了进一步验证 IMAP-TV^2 的有效性，我们进一步对比了血流灌注参数图[123] 的结果，如图 4-12所示。结果表明，本书所提出的 IMAP-TV^2 方法在血流灌注参数估计上能取得超越对比方法的视觉效果，特别是在图中黄色箭头指示的缺血心肌区。同时，从放大框中也可以很容易看出所提出的方法的优势。

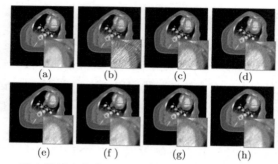

图 4-11　猪心数据上的去噪结果 (a) 高剂量临床猪心数据的第 11 帧（近似无噪数据）；(b)—(h) FBP、PL、PWLS、POCS-TV、PWLS-TV^2、IMAP-TV 和 IMAP-TV^2 7 个方法在 20 mAs 剂量时的重建结果。为了便于观察，每幅图像中的标定区域放大 3 倍进行展示

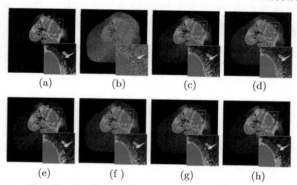

图 4-12　猪心数据上的血流灌参数图 (a) 高剂量数据计算的血流灌注参数图；(b)—(h) FBP、PL、PWLS、POCS-TV、PWLS-TV^2、IMAP-TV 和 IMAP-TV^2 7 个方法在 20 mAs 剂量时重建结果计算的血流灌注参数图。为了便于观察，每幅图像中的标定区域放大 3 倍进行展示

4.6　小结

　　为了充分利用投影数据的统计特性，本章提出了一种基于 MAP 的 CT 弦图去噪框架，该框架可以对 CT 数据噪声的两个主要来源，即 X 射线光子统计和背景电噪声，以统计模型的方式进行充分编码，并基于弦图噪声的生成机制进行数据降噪。此外，我们为弦图构造了一个新的分片线性先验模型。与传统正则化项不同，所提出的分片线性先验考虑了正弦图的特殊结构，即弦图数据的流形可以近似地由几个平面的组合构成。最后，我们构建了一种有效的 ADMM 方法来解决所提出的模型，并通过一系列低剂量 CT 数据恢复实验结果证明了其优越性。

　　本章的相关研究内容刊于 *IEEE Transactions on Medical Imaging* (参见科研成果 [3])，并已申请专利 (参见科研成果 [11])。

第 5 章

物理机制嵌入的深度高光谱融合网络

　　本章针对现有深度高光谱融合网络无法嵌入高光谱成像系统物理机制的问题，提出了一种嵌入物理机制的深度高光谱融合网络。基于精巧的模型设置与算法展开，本章构建了一个结构具有明显解释性的深度高光谱融合网络。所提出的网络是首个能够保证网络输出满足物理观测模型的深度高光谱融合网络。实验表明所提出的网络具有超过传统深度学习方法与无监督方法的性能。更重要的是，由于物理机制的嵌入，使我们能够构建首个盲高光谱融合网络，能够在训练和测试数据不匹配的情况下具有良好的测试效果，这突破了传统的深度学习方法对训练数据过拟合的问题。大量的实验结果验证了所提出的网络的强大性能与理论结论的正确性。

5.1　引言

　　高光谱成像技术可以获取连续光谱中的场景。与仅具有一个或几个谱段的传统图像（例如具有 RGB 三谱段的彩色图像）相比，高光谱图像可以更好地记录真实场景的信息。高光谱图像这种强大的信息表征能力有利于提高目标识别、分类和分割等多种计算机视觉任务的性能。同时，高光谱图像光谱通道丰富的特点也催生了许多针对高光谱图像的视觉应用，例如目标检测[10] 与高光谱解混[11]。

然而，在实际情况下，不可避免地需要在高光谱成像系统成像的空间分辨率和光谱分辨率之间进行取舍。这是因为精细记录具有大量谱段的图像不仅需要更大的曝光量，而且需要更长的曝光时间，这在很多实时拍摄场景中都是不可能实现的。通常情况下，光学系统只能提供具有高空间分辨率但光谱低的数据（例如标准 RGB 图像）或空间分辨率很低的高光谱图像[33]。因此，如何融合实际收集的高分辨率多光谱图像和低分辨率高光谱图像以便生成理想的高分辨率高光谱图像是一个十分有现实意义的问题，近年来引起了极大的关注。一般称这样的研究课题为高光谱融合[34]。

事实上，现有研究已经较为透彻地给出了高分辨率多光谱图像与低分辨率高光谱图像的生成机制[124-126]。如图 5-1所示，高分辨率多光谱图像和低分辨率高光谱图像与高分辨率高光谱图像分别满足如下线性关系：

$$\boldsymbol{Y} = \boldsymbol{X}\boldsymbol{R} + \boldsymbol{N}_y \tag{5-1}$$

$$\boldsymbol{Z} = \boldsymbol{C}\boldsymbol{X} + \boldsymbol{N}_z \tag{5-2}$$

其中，$\boldsymbol{X} \in \mathbf{R}^{HW \times S}$ 表示目标高分辨率高光谱图像⊖，H、W 和 S 分别表示高分辨率高光谱图像的高、宽和光谱通道数。$\boldsymbol{Y} \in \mathbf{R}^{HW \times s}$ 表示高分辨率多光谱图像，s 表示其光谱数 ($s \ll S$)。$\boldsymbol{Z} \in \mathbf{R}^{hw \times S}$ 表示低分辨率高光谱图像，且 h 和 w 分别表示它的高和宽 ($h \ll H, w \ll W$)。$\boldsymbol{R} \in \mathbf{R}^{S \times s}$ 表示高分辨率多光谱图像对应的光谱响应算子，如图 5-1 (a) 所示。$\boldsymbol{C} \in \mathbf{R}^{hw \times HW}$ 表示低分辨率高光谱图像的空间响应算子，这个算子一般可以表示为一个卷积算子 ϕ 和下采样算子 $\boldsymbol{D}$ 的复合，如图 5-1 (b) 所示。$\boldsymbol{N}_y$ 和 $\boldsymbol{N}_z$ 分别表示高分辨率多光谱图像和低分辨率高光谱图像中包含的噪声。这两个生成模型在许多高光谱融合研究中都发挥了至关重要的作用[125-127]。

高光谱融合的本质是从两个下采样的数据中恢复一个三维张量问题。其难点主要在于如下两点：

首先，即使 $\boldsymbol{R}$ 和 $\boldsymbol{C}$ 已知，直接结合观测数据 $\boldsymbol{Y}$ 和 $\boldsymbol{Z}$ 与式 (5-1) 和式 (5-2) 组成的方程组求解 $\boldsymbol{X}$ 也是一个严重欠定的问题。这导致了传统研究中对 $\boldsymbol{X}$ 先验设计的必要性，然而图像先验设计是一个有待解决的难题。

其次，不同仪器设备产生的数据对应的光谱和空间响应（即 $\boldsymbol{R}$ 和 $\boldsymbol{C}$）是各不相同的。这使监督学习的泛化性能很难得到保证。尤其是在训练和测试数据来自不同的设备时，现有的监督学习方法一般都会失效。

⊖ 高光谱图像也可以表示成张量形式：$\mathcal{X} \in \mathbf{R}^{H \times W \times S}$。我们定义矩阵和张量之前的转化算子为 $\mathrm{fold}(\boldsymbol{X}) = \mathcal{X}$。

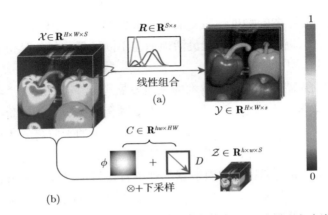

图 5-1 **HrMS 与 LrHS 图像的生成机制 (a)** 高分辨率多光谱图像与高分辨率高光谱图像的关系；**(b)** 低分辨率高光谱图像与高分辨率高光谱图像的关系

　　在传统的基于无监督学习的高光谱融合方法中，一般都需要对 X 的先验项进行设计。例如，早期的高光谱融合方法继承了传统的多光谱融合方法的原理，假设高光谱图像可以表示为小波级数展开[128-129]，并利用小波变换技术给出先验。之后，图像稀疏字典表达技术被进一步引入，以便刻画高光谱图像数据的空间先验[36-38]。同时，文献 [35] 进一步使用 TV 正则刻画了高光谱图像的空间平滑性先验。除了空间先验的刻画以外，近年来，一些方法进一步采用低秩矩阵分解技术对高光谱数据光谱的冗余性进行刻画。尽管这类方法取得了不错的成果，但是这些技术的合理性取决于高分辨率高光谱图像先验的主观假设，而这种主观假设的精确性仍然有待验证。同时，从不同真实场景收集的图像的物理性质可能会有很大的差异，因此这种常规的先验构造方法不能灵活地适应不同场景，仍然有很大的性能提升空间。

随着计算机视觉技术的飞速发展[130]，基于深度学习的监督学习方法也被引入了高光谱融合的领域，并被验证能够带来很大的效果提升[131-132]。与传统的无监督方法相比，深度学习方法不需要主观地对高光谱图像的先验进行假设，而是通过对成对数据的训练直接得到输入与输出之间的映射关系。最常用于高光谱融合的深度网络结构包括 CNN[133]、3D-CNN[131] 和残差 CNN[132] 等。现有方法一般将网络的输入设置为高分辨率多光谱图像 Y 和低分辨率高光谱图像 Z 沿光谱维的拼合（这里，Z 被事先通过双线性插值上采样到与 Y 相同的空间大小），并通过随机梯度下降方法对网络参数进行估计。

虽然当前基于深度学习的高光谱融合方法带来了显著的性能提升，但是它仍然存在明显的不足。其中最为关键的是，现有方法一般直接采用了通用的图像处理网络，没有针对高光谱整合问题的领域知识进行设计，而类似模型 (5-1) 和模型 (5-2) 这样的领域知识对光谱融合应该是十分重要的，忽略这样的领域知识显然是不明智的[131-132]。同时，忽略领域知识的做法也使网络的可解释性变得十分有限。此外，现有的深度学习方法忽略了高光谱图像的特殊结构，例如光谱维的低秩性（与一般图像的空间先验不同，低秩先验被验证具有很高的精度），这导致网络的输出没有满足高光谱图像的结构特性，从而影响了精度。现有基于深度学习的高光谱融合方法的另一个重要不足在于其泛化性能。由于人力和硬件成本，一般只能收集有限数量的高光谱图像进行成对训练，因此，在实际应用中经常需要处理与训练数据集有空间或光谱响应系数差异的测试数据。在这种情况下，现有的深度学习方法往往失效。因此设计一种充分嵌入高光谱知识并具有强泛化性的深度高光谱融合方法具有十分重要的意义。

针对上述问题，本章设计了一种具有优良解释性和泛化能力的高光谱融合网络。主要贡献为：

(1) 提出了一个全新的高光谱融合模型。所提出的模型通过一组完整的基底对高光谱图像 X 进行表示，即 $X = YA + \hat{Y}B$，其中 A 和 B 为表示系数，$\hat{Y}$ 是除了高分辨率高光谱图像 Y 以外的一组由深度网络得到的基底，如图 5-2所示[注]。这个新模型不仅将模型 (5-1) 和 (5-2) 融合成一个更简洁的模型，同时求解它的近端梯度下降算法[134] 也能被方便地转化为一个有清晰物理意义的网络。

(2) 通过对算法的展开，得到了一个具有清晰解释性的网络，称为 MHF-net（Ms/Hs Fusion Net）。据我们所知，这是第一个考虑高光谱融合本质物理模型的深度网络。具体地，在 MHF-net 中，所有模块都有其特定的物理含

⊖　光谱响应系数 R 即 $[A^T, B^T]^T$ 的伪逆的前 s 列，推导细节可以参见后面的章节。

义，模块之间的所有连接都完全对应于所提出的优化算法，并且从理论上可以保证网络产生的高分辨率高光谱图像满足观测模型 (5-1)。与传统的或多或少"黑匣子"的网络体系结构相比，MHF-net 可以使直观分析和理解网络内部机制的过程变得更加容易。

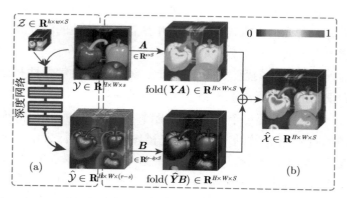

图 5-2 所提方法的基本思路 (a) 通过深度网络估计 $\hat{Y}$，其中高分辨率多光谱图像 Y 和低分辨率高光谱图像 Z 是网络的输入；(b) 通过 Y 和网络的输出 $\hat{Y}$ 表达 $\hat{X}$ （$\hat{X} = YA + \hat{Y}B$）

(3) MHF-net 在网络的各阶段都显式地编码了高光谱图像的频谱低秩先验和图像观测模型 (5-1)。在此网络表达式下，输出的高分辨率高光谱图像（最终输出和网络中间阶段的输出）与它的固有先验结构完全吻合，也可以从理论上保证低秩性与模型 (5-1) 得到满足。因此，所提出的方法比过去没有明确考虑物理模型的深度学习方法具有更高的可靠性和准确性。

(4) 所提出的 MHF-net 具有良好的泛化性能。一方面，当训练和测试数据的光谱和空间响应一致时，可以将所有响应参数（A、B 和 C）当作网络参数，从训练数据中以端到端的方式自动学习。此时，所提出的网络可以学习训练数据的生成方式，并模拟高分辨率多光谱图像和低分辨率高光谱图像的生成。另一方面，对于更普遍的情况，当训练数据是从不同传感器以不同的光谱和（或）空间响应获取时，我们可以将响应系数⊖以及低分辨率高光谱图像和高分辨率多光谱图像一起输入网络，并对网络进行训练，使其能够学习各种输入光谱和空间响应下的一般恢复原理。因此，通过这种方式训练的网络具有良好的泛化性能，可以在训练数据与测试数据的响应系数明显不匹配的场景下取得远超一般深度网络的融合效果。

5.2　方法框架

5.2.1　模型框架

首先，我们引入观测模型 (5-1) 的等效公式。我们建立如下的定理（证明见附录）。

定理 5.1　对任意的 $X \in \mathbf{R}^{HW \times S}$ 和 $\tilde{Y} \in \mathbf{R}^{HW \times s}$，

⊖　低分辨率高光谱图像/高分辨率多光谱图像的响应参数可以从观测数据中很好地进行预先估计[127]，我们将在后面的章节详细介绍。

若 $\text{rank}(\boldsymbol{X}) = r > s$ 且 $\text{rank}(\tilde{\boldsymbol{Y}}) = s$，则以下两个命题等价：

(a) 存在 $\boldsymbol{R} \in \mathbf{R}^{S \times s}$，使

$$\tilde{\boldsymbol{Y}} = \boldsymbol{X}\boldsymbol{R} \tag{5-3}$$

(b) 存在 $\boldsymbol{A} \in \mathbf{R}^{s \times S}$，$\boldsymbol{B} \in \mathbf{R}^{(r-s) \times S}$ 和 $\hat{\boldsymbol{Y}} \in \mathbf{R}^{HW \times (r-s)}$，使

$$\boldsymbol{X} = \tilde{\boldsymbol{Y}}\boldsymbol{A} + \hat{\boldsymbol{Y}}\boldsymbol{B} \tag{5-4}$$

□

在实际应用中，定理 5.1的条件 $\text{rank}(\tilde{\boldsymbol{Y}}) = s$ 一般都能成立，即高分辨率多光谱图像通常沿光谱维是满秩的，因为高分辨率多光谱图像的波段数通常比其对应的高分辨率高光谱图像少得多，而光谱响应矩阵的列一般是线性不相关的。因此，令 $\tilde{\boldsymbol{Y}} = \boldsymbol{Y} - \boldsymbol{N}_y$ 时，可以看出 $\tilde{\boldsymbol{Y}}$ 和 $\boldsymbol{X}$ 满足上述定理的条件，其中，$\boldsymbol{Y}$ 是模型 (5-1) 中的高分辨率高光谱图像。因此，观测模型 (5-1) 可以等效地记为

$$\boldsymbol{X} = \boldsymbol{Y}\boldsymbol{A} + \hat{\boldsymbol{Y}}\boldsymbol{B} + \boldsymbol{N}_x \tag{5-5}$$

其中，$\boldsymbol{N}_x = -\boldsymbol{N}_y\boldsymbol{A}$ 是由于噪声形成的不确定小量。值得注意的是，在模型 (5-5) 中，$[\boldsymbol{Y}, \hat{\boldsymbol{Y}}] \in \mathbf{R}^{HW \times r}$ 可以看成一组有 r 个元素的基底，以结合表达系数 $[\boldsymbol{A}; \boldsymbol{B}] \in \mathbf{R}^{r \times S}$ 线性表达 $\boldsymbol{X}$，其中，$\hat{\boldsymbol{Y}}$ 代表的 $r-s$ 个基底需要进一步估计。

通过进一步考虑观测模型 (5-2)，我们可以进一步得出如下推论。

推论 5.1 对任意的 $\tilde{\boldsymbol{Y}} \in \mathbf{R}^{HW \times s}$, $\tilde{\boldsymbol{Z}} \in \mathbf{R}^{hw \times S}$, $\boldsymbol{C} \in \mathbf{R}^{hw \times HW}$，若 $\text{rank}(\tilde{\boldsymbol{Y}}) = s$ 且 $\text{rank}(\tilde{\boldsymbol{Z}}) = r > s$，则下面两个命题等价：

(a) 存在 $\boldsymbol{X} \in \mathbf{R}^{HW \times S}$ 和 $\boldsymbol{R} \in \mathbf{R}^{S \times s}$，使

$$\tilde{\boldsymbol{Y}} = \boldsymbol{X}\boldsymbol{R}, \quad \tilde{\boldsymbol{Z}} = \boldsymbol{C}\boldsymbol{X}, \quad \text{rank}(\boldsymbol{X}) = r \qquad (5\text{-}6)$$

(b) 存在 $\boldsymbol{A} \in \mathbf{R}^{s \times S}$, $r > s$, $\boldsymbol{B} \in \mathbf{R}^{(r-s) \times S}$ 和 $\hat{\boldsymbol{Y}} \in \mathbf{R}^{HW \times (r-s)}$，使

$$\tilde{\boldsymbol{Z}} = \boldsymbol{C}\left(\tilde{\boldsymbol{Y}}\boldsymbol{A} + \hat{\boldsymbol{Y}}\boldsymbol{B}\right) \qquad (5\text{-}7)$$

$\square$

令 $\tilde{\boldsymbol{Z}} = \boldsymbol{Z} - \boldsymbol{N}_z$，其中 $\boldsymbol{Z}$ 是模型 (5-2) 中的低分辨率高光谱图像，则我们可以看出，作为以 $\boldsymbol{X}$、$\boldsymbol{R}$ 和 $\boldsymbol{C}$ 为未知数的方程组时，观测模型 (5-1) 和模型 (5-2) 与下面关于 $\hat{\boldsymbol{Y}}$、$\boldsymbol{A}$、$\boldsymbol{B}$ 和 $\boldsymbol{C}$ 的方程等价：

$$\boldsymbol{Z} = \boldsymbol{C}\left(\boldsymbol{Y}\boldsymbol{A} + \hat{\boldsymbol{Y}}\boldsymbol{B}\right) + \boldsymbol{N} \qquad (5\text{-}8)$$

其中，$\boldsymbol{N} = \boldsymbol{N}_z - \boldsymbol{C}\boldsymbol{N}_y\boldsymbol{A}$ 代表高分辨率多光谱图像和低分辨率高光谱图像中的噪声。因此，我们可以直观地设计如下高光谱融合优化模型：

$$\min_{\hat{\boldsymbol{Y}}} \left\| \boldsymbol{C}\left(\boldsymbol{Y}\boldsymbol{A} + \hat{\boldsymbol{Y}}\boldsymbol{B}\right) - \boldsymbol{Z} \right\|_F^2 + \lambda f\left(\hat{\boldsymbol{Y}}\right) \qquad (5\text{-}9)$$

其中，λ 是一个权重参数，$f(\cdot)$ 代表 $\hat{Y}$ 上的正则项。在传统的基于模型的高光谱融合方法中，一个核心的技术在于通过高光谱图像的先验信息来设计合适的正则项。然而人工设计合适的正则项是很困难的。在本书中，我们不再直接设计 $f(\cdot)$，而是通过网络学习来实现 $f(\cdot)$。

值得注意的是，在传统方法中，正则项一般都直接作用在 X 上，在本书中，我们将正则项仅作用到 $\hat{Y}$ 上[35]。在重建 X 的过程中，高分辨率多光谱图像（Y）为 X 提供了丰富而准确的细节信息。如果将正则项直接作用于 X，那么正则项的负作用将对 X 从 Y 中继承的重要空间信息造成破坏，从而影响数据所携带信息的最大发挥程度。因此，将正则项作用到 $\hat{Y}$ 上有利于在重建 X 的过程中完整地保持高分辨率多光谱图像（Y）中丰富的细节信息。同时，通过求解 $\hat{Y}$，再利用 $YA + \hat{Y}B$ 重建 X，可以保证 X 一定满足低秩性与模型（5-1）这两个重要的先验约束。

此外，关于模型的参数还有一些需要注意的地方。当所有的高分辨率多光谱图像和低分辨率高光谱图像是通过相同的设备采集的，即它们共享相同的响应系数时，A、B 和 C 在训练及测试数据中是固定矩阵，可以从训练集中事先学习获得。此时，它们可以作为待学习的网络参数。当不同样本的高分辨率多光谱图像和低分辨率高光谱图像通过不同的设备采集时，不同样本的 A、B 和 C 是各不相同的。我们可以利用与前人的方法中估计响应系数（R 和

C) 相似的方法来为每一个样本估计这些参数[127]，再把它们作为网络的输入。

5.2.2　模型优化

我们通过近端梯度下降法求解问题 (5-9)[134]。在算法中，我们通过求解下式来迭代更新 $\hat{Y}$：

$$\hat{Y}^{(k+1)} = \arg\min_{\hat{Y}} Q\left(\hat{Y}, \hat{Y}^{(k)}\right) \tag{5-10}$$

其中，$\hat{Y}^{(k)}$ 是第 k 步迭代的结果，$Q(\hat{Y}, \hat{Y}^{(k)})$ 是目标函数的二次逼近[134]，其定义如下：

$$Q\left(\hat{Y}, \hat{Y}^{(k)}\right) = g\left(\hat{Y}^{(k)}\right) + \left\langle \hat{Y} - \hat{Y}^{(k)}, \nabla g\left(\hat{Y}^{(k)}\right)\right\rangle + \frac{1}{2\eta}\left\|\hat{Y} - \hat{Y}^{(k)}\right\|_F^2 + \lambda f\left(\hat{Y}\right) \tag{5-11}$$

其中，$g(\hat{Y}^{(k)}) = \|C(YA + \hat{Y}^{(k)}B) - Z\|_F^2$，$\eta$ 可以看作一个步长参数。

可以推出，问题 (5-10) 等价于

$$\min_{\hat{Y}} \frac{1}{2}\left\|\hat{Y} - \left(\hat{Y}^{(k)} - \eta\nabla g\left(\hat{Y}^{(k)}\right)\right)\right\|_F^2 + \lambda\eta f\left(\hat{Y}\right) \tag{5-12}$$

对于很多正则项，问题 (5-12) 都有如下形式的显式解[79]：

$$\hat{Y}^{(k+1)} = \mathrm{prox}_{\lambda\eta}\left(\hat{Y}^{(k)} - \eta\nabla g\left(\hat{Y}^{(k)}\right)\right) \tag{5-13}$$

其中，$\mathrm{prox}_{\lambda\eta}(\cdot)$ 是一个关于 $f(\cdot)$ 的近端算子。代入 $\nabla g(\hat{Y}^{(k)}) = C^{\mathrm{T}}(C(YA + \hat{Y}^{(k)}B) - Z)B^{\mathrm{T}}$，我们可以得出 $\hat{Y}$ 的最终更新公式应该为

$$\hat{\boldsymbol{Y}}^{(k+1)} = \text{prox}_{\lambda\eta}\Big(\hat{\boldsymbol{Y}}^{(k)} - \eta \boldsymbol{C}^{\text{T}}\big(\boldsymbol{C}\big(\boldsymbol{Y}\boldsymbol{A} + \hat{\boldsymbol{Y}}^{(k)}\boldsymbol{B}\big) - \boldsymbol{Z}\big)\boldsymbol{B}^{\text{T}}\Big)$$

(5-14)

这个简洁的迭代公式中所有运算都可以重写为网络连接的形式，从而设计我们的 MHF-net，如图 5-3 所示。注意到，其中隐式的近端算子很适合用卷积网络模块来表示，以方便用端到端的方式从训练数据中自动学习。

矩阵形式的算法	张量形式的网络结构
For $k = 1$: K do:	在 $k = 1$:K 阶段的网络上 do:
$\boldsymbol{X}^{(k)} = \boldsymbol{Y}\boldsymbol{A} + \hat{\boldsymbol{Y}}^{(k)}\boldsymbol{B}$ $\dashrightarrow$	$\mathcal{X}^{(k)} = \mathcal{Y} \times_3 \boldsymbol{A}^{\text{T}} + \hat{\mathcal{Y}}^{(k)} \times_3 \boldsymbol{B}^{\text{T}}$
$\boldsymbol{E}^{(k)} = \boldsymbol{C}\boldsymbol{X}^{(k)} - \boldsymbol{Z}$ $\dashrightarrow$	$\mathcal{E}^{(k)} = \text{downSample}_{\theta_d^{(k)}}(\mathcal{X}^{(k)}) - \mathcal{Z}$
$\boldsymbol{G}^{(k)} = \eta \boldsymbol{C}^{\text{T}}\boldsymbol{E}^{(k)}\boldsymbol{B}^{\text{T}}$ $\dashrightarrow$	$\mathcal{G}^{(k)} = \eta \cdot \text{upSample}_{\theta_u^{(k)}}(\mathcal{E}^{(k)}) \times_3 \boldsymbol{B}$
$\boldsymbol{Y}^{(k+1)} = \text{prox}_{\lambda\eta}(\hat{\boldsymbol{Y}}^{(k)} - \boldsymbol{G}^{(k)})$ $\dashrightarrow$	$\hat{\mathcal{Y}}^{(k+1)} = \text{proxNet}_{\theta_p^{(k)}}(\hat{\mathcal{Y}}^{(k)} - \mathcal{G}^{(k)})$

图 5-3　矩阵形式的算法与张量形式的网络结构之间的关系

5.2.3　MHF-net 的网络结构设计

我们通过对式 (5-14) 中的所有计算进行展开和网络化来设计 MHF-net 框架。这种模型驱动深度学习的方法近年来已经在许多计算机视觉的应用上被证明十分有效，包括压缩感知、去雾、去卷积等应用[135-137]。我们所提出的 MHF-net 由 K 阶段的网络模块组成，分别对应了算法的 K 个迭代步，如图 5-4 (a) 和 (b) 所示。网络的每个阶段都以高分辨率多光谱图像 $\boldsymbol{Y}$、低分辨率高光谱图像 $\boldsymbol{Z}$ 以及上一个阶段的输出 $\hat{\boldsymbol{Y}}$ 为输入，并对 $\hat{\boldsymbol{Y}}$ 进行更新。

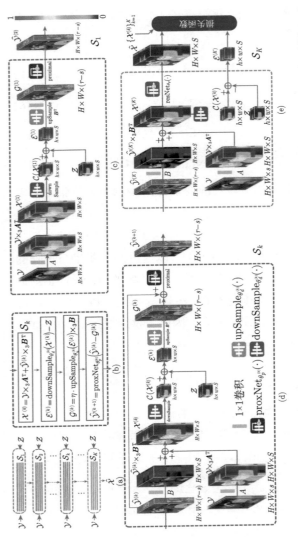

图 5-4　所提方法的网络架构可视化 (a) 所提的 K 阶段网络流程图，其中第 k 个阶段的网络模块记为 $\mathcal{S}_k(k=1,2,\cdots,K)$；(b) 第 k $(k<K)$ 个阶段的细节流程图；(c)—(e) 第一、第 k $(1<k<K)$ 个阶段和最后阶段的网络模块示意图。其中，当 $\hat{\mathcal{Y}}^{(k)}=0$ 时，$\mathcal{S}_k$ 与第一个阶段 $\mathcal{S}_1$ 等价（见彩插）

算法展开 首先，我们将迭代算法 (5-14) 分解为如下四个基本步骤：

$$\boldsymbol{X}^{(k)} = \boldsymbol{Y}\boldsymbol{A} + \hat{\boldsymbol{Y}}^{(k)}\boldsymbol{B} \tag{5-15}$$

$$\boldsymbol{E}^{(k)} = \boldsymbol{C}\boldsymbol{X}^{(k)} - \boldsymbol{Z} \tag{5-16}$$

$$\boldsymbol{G}^{(k)} = \eta\boldsymbol{C}^{\mathrm{T}}\boldsymbol{E}^{(k)}\boldsymbol{B}^{\mathrm{T}} \tag{5-17}$$

$$\boldsymbol{Y}^{(k+1)} = \mathrm{prox}_{\lambda\eta}\left(\hat{\boldsymbol{Y}}^{(k)} - \boldsymbol{G}^{(k)}\right) \tag{5-18}$$

由于网络框架中涉及的变量都被表示为三阶张量，因此我们使用高光谱图像的张量化记号（$\mathcal{X} \in \mathbf{R}^{H \times W \times S}$，$\mathcal{Y} \in \mathbf{R}^{H \times W \times s}$ 和 $\mathcal{Z} \in \mathbf{R}^{h \times w \times S}$），如图 5-3 所示。

在张量形式下，式 (5-15) 可以通过两个张量与矩阵的模 3 乘积方便地实现。特别是，在经典的 TensorFlow 框架下，将张量通道维与 $m \times n$ 矩阵相乘可以方便地通过 $1 \times 1 \times m \times n$ 的卷积核实现。因此，我们把式 (5-15) 重写为其张量形式：

$$\mathcal{X}^{(k)} = \mathcal{Y} \times_3 \boldsymbol{A}^{\mathrm{T}} + \hat{\mathcal{Y}}^{(k)} \times_3 \boldsymbol{B}^{\mathrm{T}} \tag{5-19}$$

其中，$\times_3$ 定义为张量的模 3 乘积$^{\ominus}$。

在式 (5-16) 中，矩阵 $\boldsymbol{C}$ 代表了空间响应矩阵，它可以分解为一个 2D 卷积和一个标准的下采样算子[124-126]。因

$\ominus$ 对于元素为 u_{ijk} 的张量 $\mathcal{U} \in \mathbf{R}^{I \times J \times K}$ 和元素为 v_{kl} 的矩阵 $\boldsymbol{V} \in \mathbf{R}^{K \times L}$，张量 $\mathcal{W} = \mathcal{U} \times_3 \boldsymbol{V}$ 的元素为 $w_{ijl} = \sum\limits_{k=1}^{K} u_{ijk}v_{lk}$。$\mathcal{W} = \mathcal{U} \times_3 \boldsymbol{V}$ 这个运算的矩阵形式为 $\boldsymbol{W} = \boldsymbol{U}\boldsymbol{V}^{\mathrm{T}}$。

此，我们可以通过下式来实现式 (5-16) 的张量形式：

$$\mathcal{E}^{(k)} = \text{downSample}_{\theta_d^{(k)}}\left(\mathcal{X}^{(k)}\right) - \mathcal{Z} \tag{5-20}$$

其中，$\mathcal{E}^{(k)}$ 是一个 $h \times w \times S$ 的张量，$\text{downSample}_{\theta_d^{(k)}}(\cdot)$ 代表一个空间的下采样网络，且 $\theta_d^{(k)}$ 代表第 k 个阶段中下采样网络涉及的参数。

在式 (5-17) 中，$\boldsymbol{C}^{\mathrm{T}}$ 是一个空间上采样算子。这个算子可以方便地通过 2D 的转置卷积来实现[138]，它是下采样网络算子的转置算子。通过引入 2D 与式 (5-20) 中的卷积算子等尺寸的 2D 转置卷积，我们可以用如下网络结构来实现式 (B-3)：

$$\mathcal{G}^{(k)} = \eta \cdot \text{upSample}_{\theta_u^{(k)}}\left(\mathcal{E}^{(k)}\right) \times_3 \boldsymbol{B} \tag{5-21}$$

其中，$\mathcal{G}^{(k)} \in \mathbf{R}^{H \times W \times S}$，$\text{upSample}_{\theta_u^{(k)}}(\cdot)$ 为光谱上采样网络，$\theta_u^{(k)}$ 表示其在第 k 个阶段中涉及的参数。

在式 (5-18) 中，$\text{prox}(\cdot)$ 为待定的近端算子。这里，我们使用残差网络（ResNet）[139] 表示这个算子。于是，式 (5-18) 在网络中的表达为

$$\hat{\mathcal{Y}}^{(k+1)} = \text{proxNet}_{\theta_p^{(k)}}\left(\hat{\mathcal{Y}}^{(k)} - \mathcal{G}^{(k)}\right) \tag{5-22}$$

其中，$\text{proxNet}_{\theta_p^{(k)}}(\cdot)$ 是代表近端算子的残差网络，且它在第 k 个网络阶段的参数定义为 $\theta_p^{(k)}$。

通过式 (5-19)—式 (5-22)，我们可以构建完整的 MHF-net，其结构示意图如图 5-4 (b) 所示。

普通模块 在第一个迭代步对应的模块中，我们简单地设 $\hat{\mathcal{Y}}^{(1)} = \mathbf{0}$。通过式 (5-19)—式 (5-22)，我们可以得到形如图 5-4 (c) 的网络结构。图 5-4 (d) 则展示了第 k（$1 < k < K$）个阶段的网络结构。

最终模块 如图 5-4(e) 所示，在最后的阶段中，我们可以近似地通过式 (5-19) 生成融合结果 $\mathbf{X}^{(K)}$，且 $\mathbf{X}^{(K)}$ 显然满足低秩假设。进一步，根据定理 5.1 可知，存在 $\mathbf{R} \in \mathbf{R}^{S \times s}$，使 $\mathbf{Y} = \mathbf{X}^{(K)}\mathbf{R}$，这从理论上保证了模型 (5-1) 的成立。

然而，在实际中，高分辨率多光谱图像 $\mathcal{Y}$ 一般混有少量噪声，且实际数据也不是严格地满足低秩性的假设。因此，$\mathbf{X}^{(K)}$ 只能是最终结果的一个近似值。为了进一步提升结果的精度，如图 5-4 (e) 所示，我们在网络的最后阶段对 $\mathcal{X}^{(K)}$ 又加入一个用于微调的残差网络：

$$\hat{\mathcal{X}} = \text{resNet}_{\theta_r}\left(\mathcal{X}^{(K)}\right) \tag{5-23}$$

综上，我们设计了完整的 MHF-net 网络框架，记为

$$\hat{\mathcal{X}} = \text{MHF-net}_{\Theta}\left(\mathcal{Y}, \mathcal{Z}, \mathbf{P}\right) \tag{5-24}$$

其中，Θ 代表网络中的所有参数，$\mathbf{P}$ 代表我们需要为网络输入的额外信息。

注 从图 5-4 中可以看出每个网络模块的物理意义都十分清晰。更具体地说，在每个阶段，网络先生成一个临时的重建结果 $\mathcal{X}^{(k)}$，然后对它进行下采样，以便计算它与 $\mathbf{Z}$ 之间的残差 $\mathcal{E}^{(k)}$，这也是第 k 个阶段我们需要从低分辨

率高光谱图像中提取的信息。之后，网络将这个残差上采样到与高分辨率多光谱图像 $\boldsymbol{Y}$ 相同的空间大小，并与 $\boldsymbol{B}^{\mathrm{T}}$ 相乘，得到更新 $\hat{\boldsymbol{Y}}$ 需要的梯度信息 $\mathcal{G}^{(k)}$，并最终更新 $\hat{\mathcal{Y}}^k$。这使可视化训练（和测试）过程中网络流内部发生的情况以及对其内在的工作机制进行进一步分析变得非常方便。

5.3　一致高光谱融合网络

当训练与测试数据的响应系数一致时，可以通过网络从训练数据中学习响应系数。这种情况下可将 $\boldsymbol{A}$、$\boldsymbol{B}$、$\boldsymbol{C}$ 都设置为待训练的网络参数。此时，式 (5-24) 中的 Θ 包含 $\boldsymbol{A}$、$\boldsymbol{B}$ 及所有网络参数，而网络的输入只有 $\mathcal{Y}$ 和 $\mathcal{Z}$。此时，我们可以构建如下一致高光谱融合网络（CMHF-net）：

$$\hat{\mathcal{X}} = \text{CMHF-net}_{\Theta}\,(\mathcal{Y}, \mathcal{Z}) \tag{5-25}$$

训练损失函数　如图 5-4 (e) 所示，对于每个样本对，我们将训练损失定义为

$$L = \|\hat{\mathcal{X}} - \mathcal{X}\|_F^2 + \alpha \sum_{k=1}^{K} \|\mathcal{X}^{(k)} - \mathcal{X}\|_F^2 + \beta \|\mathcal{E}^{(K)}\|_F^2 \tag{5-26}$$

其中，$\hat{\mathcal{X}}$ 和 $\mathcal{X}^{(k)}$ 分别为最终和中间阶段的网络输出，α 和 β 为两个权重参数○。第一项为网络最终输出与真实高分辨率高光谱图像 $\mathcal{X}$ 之间的 L_2 损失，是损失函数的主要组

○　在本书的所有实验中，我们简单地把 α 和 β 设为两个较小的值（分别设为 0.1 和 0.01）以保证第一项起主要作用。

成部分。第二项是中间阶段输出 $\mathcal{X}^{(k)}$ 和真实高分辨率高光谱图像 $\mathcal{X}$ 之间的 L_2 损失，它对每个阶段的网络起控制作用。最后一项是式 (5-2) 的体现，它使网络的最终输出尽量满足模型的约束。

训练数据 当有了收集好的成对训练数据，即 $\{(\mathcal{Y}_n, \mathcal{Z}_n), \mathcal{X}_n\}_{n=1}^N$ 都可观测时，可以直接用这些成对数据进行网络训练。然而，在实际中，高分辨率高光谱图像 $\mathcal{X}_n$ 一般是难以获得的。在这种情况下，我们参考文献 [132] 中所提出的仿真生成训练数据方法，通过 Wald 协议 [140] 仿真生成训练数据，如图 5-5 所示。具体地，我们将高分辨率多光谱图像和低分辨率高光谱图像都进行空间的下采样，并将原始的低分辨率高光谱图像作为下采样后的数据的高分辨率高光谱图像参考。我们将空间下采样算子记为

$$\boldsymbol{C}(\cdot) = D(\boldsymbol{\phi} \otimes (\cdot)) \tag{5-27}$$

其中，$D(\cdot)$ 是标准的间隔采样算子，$\boldsymbol{\phi} \in \mathbf{R}^{p \times p}$ 是一个待估计的卷积核。我们将通过求解下面的问题从样本中同时估计 $\boldsymbol{\phi}$ 和光谱响应 $\boldsymbol{R}$：

$$\min_{\boldsymbol{R},\boldsymbol{\phi}} \sum_{n=1}^N \|\mathcal{Z}_n \times_3 \boldsymbol{R}^{\mathrm{T}} - D(\boldsymbol{\phi} \otimes \mathcal{Y}_n)\|_F^2, \text{s.t.}, \sum_{i,j} \boldsymbol{\phi}_{ij} = 1 \tag{5-28}$$

其中，$\mathcal{Z}_n$ 和 $\mathcal{Y}_n$ 分别是第 n 个低分辨率高光谱图像和高分辨率多光谱图像。$\boldsymbol{\phi}_{ij}$ 是 $\boldsymbol{\phi}$ 的第 i 行第 j 列元素。我们可以通过显式的交替迭代过程更新式 (B-6)，更多的细节请参见附录。

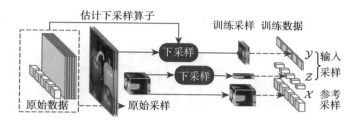

图 5-5 当高分辨率高光谱图像数据缺失时，仿真地生成训练数据的过程

5.4 盲高光谱融合网络

在更一般的情形下，我们所收集到的训练数据可能来自不同设备，或者待测试的数据缺乏同源的训练数据。在这种情况下，从训练数据中学习固定的光谱和空间响应系数（或 A、B 和 C）是不可取的。因此，CMHF-net 和传统的深度网络显然是容易失效的。为了解决这个问题，我们进一步提出盲高光谱融合网络（BMHF-net）。

如图 5-6 所示，在这种情况下，我们不再把 A、B 和 C 当成网络参数，而是将它们的估计结果作为 BMHF-net 的网络输入。虽然这些参数不能直接从数据上观测到，但是类似传统的盲高光谱融合方法[127]，我们可以从高分辨率多光谱图像和低分辨率高光谱图像数据中估计 A、B 和 C。通过这种方式，BMHF-net 可以在一定的程度上学习不同响应系数下高光谱融合的一般原理，并因此具有良好的泛化能力。

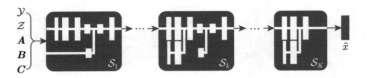

图 5-6　盲高光谱融合网络（BMHF-net）

估计 A、B 和 C　因为 A、B 和 C 是 BMHF-net 的网络输入，所以我们需要对每一个数据分别估计这几个参数。

对于训练数据 $\{\mathcal{X}_n, \mathcal{Y}_n, \mathcal{Z}_n\}_{i=1}^N$，如果 R 和 C 是未知的⊖，那么我们可以通过问题 (B-6) 对它们进行估计。此时的主要问题就是 A 和 B 的估计。具体地，对第 n 个数据，我们可以从 $\mathcal{X}_n$ 和 $\mathcal{Y}_n$ 中通过求解如下问题估计 A_n：

$$A_n = (Y_n Y_n)^{-1} Y_n{}^{\mathrm{T}} X_n \tag{5-29}$$

其中，我们定义黑体符号为张量的矩阵形式。实际上，式 (5-29) 是如下问题的闭式解：

$$\min_{A} \|Y_n A - X_n\|_F^2 \tag{5-30}$$

然后，我们可以将 $X_n - Y_n A$ 的前 $r - s$ 个右奇异值向量作为 B_n 的估计。进一步，我们通过如下引理给出上述 A_n 和 B_n 的理论保证：

⊖　训练数据有时是已知 R 和 C 的。

引理 5.1 对任意 $\boldsymbol{X} \in \mathbf{R}^{H \times W \times S}$，$\boldsymbol{R} \in \mathbf{R}^{S \times s}$，$\tilde{\boldsymbol{Y}} = \boldsymbol{X}\boldsymbol{R}$，$\mathrm{rank}(\boldsymbol{X}) = r > s$ 和 $\mathrm{rank}(\tilde{\boldsymbol{Y}}) = s$，令

$$\boldsymbol{A} = \left(\tilde{\boldsymbol{Y}}^{\mathrm{T}}\tilde{\boldsymbol{Y}}\right)^{-1}\tilde{\boldsymbol{Y}}^{\mathrm{T}}\boldsymbol{X} \tag{5-31}$$

且 $\boldsymbol{B} \in \mathbf{R}^{(r-s) \times S}$ 为 $\boldsymbol{X} - \tilde{\boldsymbol{Y}}\boldsymbol{A}$ 的前 $r-s$ 个右奇异值向量，则存在 $\hat{\boldsymbol{Y}} \in \mathbf{R}^{H \times W \times (r-s)}$ 使下式成立：

$$\boldsymbol{X} = \tilde{\boldsymbol{Y}}\boldsymbol{A} + \hat{\boldsymbol{Y}}\boldsymbol{B} \tag{5-32}$$

$\square$

通过引理 5.1，我们可以看出所提出的方法估计得到的 $\boldsymbol{A}_n$ 和 $\boldsymbol{B}_n$ 满足模型 (5-5) 的约束。

对于测试样本 $\{\mathcal{Y}, \mathcal{Z}\}$，我们需要先通过求解问题 (B-6) 估计 $\boldsymbol{R}$ 和 $\boldsymbol{C}$（此时，$N = 1$）。当我们算得 $\boldsymbol{R}$ 和 $\boldsymbol{C}$ 后，可以采用上述方法从 $\boldsymbol{Z}$ 和 $\boldsymbol{C}\boldsymbol{Y}$ 中估计 $\boldsymbol{A}$ 和 $\boldsymbol{B}$。同时，通过引理 5.1可以推出，对于用这种方式估计的 $\boldsymbol{A}$、$\boldsymbol{B}$，存在 $\hat{\boldsymbol{Y}}$，使式 (5-8) 成立。

下采样与上采样网络设计 在 CMHF 网络中，由于所有样本共享同一个下采样算子，所以我们可以选择通用的下采样网络来进行式 (5-20) 中的下采样并通过网络自动学习下采样算子。但是，在 BMHF 网络中，用于下采样的空间响应是变化的网络输入，一般是不可能通过网络学习的。因此，我们构建以估计的空间响应为输入的下采样网络并将式 (5-20) 重写为

$$\mathcal{E}^{(k)} = D\left(\phi \otimes \mathcal{X}^{(k)}\right) - \mathcal{Z} \tag{5-33}$$

其中，$D(\cdot)$ 是固定的间隔下采样算子，$\phi \in \mathbf{R}^{p \times p}$ 是输入的滤波核，它们由网络的输入 C 和式 (B-5) 给出。

同样，在 BMHF-net 中，我们不能使用通用的上采样网络以进行式 (B-3) 中的上采样操作。因此我们通过 ϕ 的转置卷积操作来构造式 (5-21) 中的上采样操作。为了进一步提升上采样的效果，我们进一步引入一个调整网络作用在转置卷积之后，定义为 $\mathrm{adjNet}_{\theta_a^{(k)}}(\cdot)$，那么式 (5-21) 此时的具体形式为

$$\mathcal{G}^{(k)} = \eta \cdot \mathrm{adjNet}_{\theta_a^{(k)}} \left(\phi \otimes_D^{\mathrm{T}} \mathcal{E}^{(k)} \right) \times_3 \boldsymbol{B} \tag{5-34}$$

其中，$\otimes_D^{\mathrm{T}}$ 定义为不采样率与 D 的小采样率相同的转置卷积，$\mathrm{adjNet}_{\theta_a^{(k)}}(\cdot)$ 是一个 U-net 结构的调整网络。

BMHF-net 的其他部分与 CMHF-net 完全一致，我们将整个 BMHF-net 记为

$$\hat{\mathcal{X}} = \mathrm{BMHF\text{-}net}_{\Psi} \left(\mathcal{Y}, \mathcal{Z}, \boldsymbol{A}, \boldsymbol{B}, \boldsymbol{C} \right) \tag{5-35}$$

其中，Ψ 表示网络的所有待学习参数，包括 $\{\theta_a^{(k)}, \theta_p^{(k)}\}_{k=1}^{K-1}$ 和 θ_r。我们设置 BMHF-net 的损失函数与 CMHF-net 相同，即式 (5-26)。

值得注意的是，对于 BMHF-net，我们可以对响应系数不同的高分辨率多光谱图像和低分辨率高光谱图像进行同时训练。在测试过程中，通过从测试数据中估计 $\boldsymbol{A}$、$\boldsymbol{B}$、$\boldsymbol{C}$ 并输入网络，我们在响应系数与训练集不同的测试数据上也能取得不错的泛化性能。更多 BMHF-net 的设计细节请参见附录。

5.5 实验结果

本节中，我们通过仿真与真实数据上的实验来验证所提出的 CMHF-net 和 BMHF-net 的有效性。我们首先通过一系列仿真实验验证 MHF-net 的机制。其次，我们通过一系列训练和测试过程响应系数一致的数据来开展与最新方法的对比实验，验证 CMHF-net 的有效性。最后，我们通过一系列训练和测试过程响应系数不一致的数据来开展与最新方法的对比实验，验证 BMHF-net 的效果。

验证指标 这里我们使用 5 个经典的图像质量指标作为实验的效果的衡量指标，包括 PSNR、SAM[141]、ER-GAS[77]、SSIM[75]、FSIM[76]。ERGAS 和 SAM 值越小，代表图像重建的效果越好。反过来，PSNR、SSIM 和 FSIM 越大，代表图像的重建效果越好。

实现细节 我们在 TensorFlow 框架下进行实验。在训练过程中，我们进行 50000 Adam 算法的迭代，每次迭代都随机选取数量为 10 的数据组进行，学习率设为 0.0001。

5.5.1 模型验证

我们在 CAVE 高光谱图像数据集[78] 上进行仿真实验，验证所提出的方法的不同模块的作用。CAVE 数据集包含 32 个 512×512 的高光谱图像，其谱段范围为 400nm 和 700nm，共 31 个通道，通道间隔为 10nm。我们对所有图像使用相同的光谱响应 R 生成三通道的高分辨率多光谱图像，并每间隔 32 取 32×32 范围内的均值对图像进行空间下采样，生成低分辨率高光谱图像[37,64]。

在进行训练之前，我们随机选择 20 个高光谱图像，并将它们分割为带重叠的 96×96 的小图像作为训练数据。因此，这里使用的训练数据中高分辨率高光谱图像、高分辨率多光谱图像和低分辨率高光谱图像的大小分别为 $96 \times 96 \times 31$、$96 \times 96 \times 3$ 和 $3 \times 3 \times 31$。剩下的 12 个 HS 图像被用作测试数据，其 HrMs 与 LrHs 图像的生成方式与训练数据相同。

与直观模型的对比实验　我们将所提出的模型与通过模型 (5-1) 和模型 (5-2) 建立的最直观的高光谱融合模型进行对比。

具体地，我们与如下三个对比方法进行对比实验。第一个方法记作 MHF-TV，这个方法与所提出的方法的唯一不同在于，在优化问题 (5-9) 中使用了经典的 TV 正则：

$$f(\hat{\boldsymbol{Y}}) = \sum_{i=1}^{2} \left\| \boldsymbol{D}_i \otimes \hat{\boldsymbol{Y}} \right\|_F^2 \qquad (5\text{-}36)$$

其中，$\boldsymbol{D}_i$ 是差分滤波核。通过傅里叶变换的卷积定理，可以推出如下的闭式解形式的更新式，并使用传统算法进行求解。可以看出，所提出的方法与 MHF-TV 的区别仅在于所提出的方法使用网络来学习正则，而非使用人工设计的固定形式正则。

另外两个对比方法分别叫作 intMHF-TV 和 intMHF-net。这两个方法由如下模型推出：

$$\min_{\boldsymbol{X}} \|\boldsymbol{XR} - \boldsymbol{Y}\|_F^2 + \alpha \|\boldsymbol{CX} - \boldsymbol{Z}\|_F^2 + \beta f(\boldsymbol{X}) \qquad (5\text{-}37)$$

注意到，这是使用模型 (5-1) 和模型 (5-2) 这两个观测模型的最直观的方法。这个模型与所提出的模型的主要区别在于，所提出的模型借助定理 A.1 将两个模型转化为求解 $\hat{\boldsymbol{Y}}$ 的优化问题，并以一种有理论保证的方式表达 $\boldsymbol{X}$。此外，所提出的模型 (5-9) 的参数较少。

我们可以用类似所提出的方法，通过近端梯度下降法来求解模型 (5-37)。通过使用 TV 正则，我们可以得到 intMHF-TV 方法。通过类似 MHF-net 的方法将算法展开成 K 个阶段的网络，我们可以得到 intMHF-net 方法。intMHF-net 的每个阶段如图 5-7 所示。

表 5-1 展示了 intMHF-TV、MHF-TV、intMHF-net 及所提出的 CMHF-net 在 12 个测试样本上的平均计算结果。从表中可以看出，MHF-TV 可以得到不错的高光谱融合结果，然而同样是迭代算法的 intMHF-TV 方法则失效了。这个结果在一定的程度上验证了所提出的模型 (5-9) 相比普通模型 (5-37) 的优势。同时，我们可以看出，两个基于深度学习方法的结果远超两个迭代算法的结果。更重要的是，所提出的 CMHF-net 的结果在 5 个指标上都高于 intMHF-net，这进一步验证了所提出的模型的优势。图 5-8 展示了 4 个对比方法的视觉效果，从图中亦可以容易观察到所提出的模型的优势。

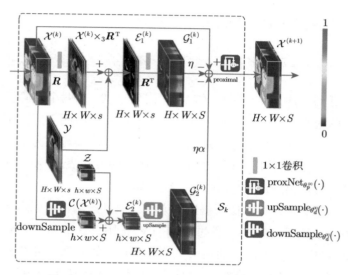

图 5-7 intMHF-net 方法的普通阶段网络模块

表 5-1 在 CAVE 数据集的 12 幅测试图像上直观模型和所提出的模型的平均结果

模型	PSNR	SAM	ERGAS	SSIM	FSIM
intMHF-TV	15.99	52.75	917.53	0.212	0.818
MHF-TV	32.54	10.26	139.22	0.903	0.958
intMHF-net	36.92	8.12	83.95	0.954	0.973
CMHF-net	**37.23**	**7.30**	**81.87**	**0.962**	**0.976**

通过 CMHF-net 生成高分辨率多光谱图像和低分辨率高光谱图像 所提出的 CMHF-net 的一个重要特点在于，在其训练过程中，除了能够得到网络输入到网络输出的映射，同时也能得到高光谱融合的模型参数 A、B 和

C（C 即 $\text{downSample}_{\theta_d^{(k)}}(\cdot)$）。在本节中，我们通过下采样图像生成实验来验证所提出的 CMHF-net 估计模型参数的正确性。具体地，HrMs 图像可以通过下式生成：

$$\boldsymbol{Y}_g = \hat{\boldsymbol{X}}\hat{\boldsymbol{R}} \tag{5-38}$$

其中，$\hat{\boldsymbol{X}}$ 是高光谱融合结果，$\hat{\boldsymbol{R}}$ 是 $[\boldsymbol{A}^{\mathrm{T}}, \boldsymbol{B}^{\mathrm{T}}]^{\dagger}$ 的前 s 列构造。此外，LrMs 图像可以通过网络的最后阶段的下采样结果给出，即 $\boldsymbol{Z}_g = \text{downSample}_{\theta_d^{(k)}}(\hat{\boldsymbol{X}})$。

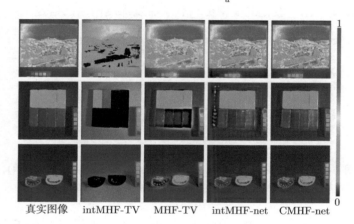

真实图像　intMHF-TV　MHF-TV　intMHF-net　CMHF-net

图 5-8　4 个对比方法的融合结果。我们展示了 3 个数据的第 10 通道 (490nm) 的结果

图 5-9 展示了 4 个随机选择样本的 HrMs 和 LrHs 图像及对应 CMHF-net 的生成结果。可以看出，生成的结果与原始图像几乎一样。表 5-2 展示了生成结果的相对均方损失 (RMSE)，这里我们通过 $\mathcal{X}^{(k)}$ 来生成 HrMs 图像，因

为它可以从理论上保证满足 $Y = X^{(K)}\hat{R} + N_y$。同时，我们也列出了 intMHF-net 的生成结果作为对比。可以看出，所提出的方法生成结果的 RMSE 远比 intMHF-net 更接近于 0。这与我们所提出的方法的理论结论保证相吻合，而 intMHF-net 的输出则没有理论保证。另外，图 5-10 展示了 5 个样本上生成结果的视觉效果。可以看出，所提出的方法的生成结果在视觉上也远超 intMHF-net（intMHF-net 的结果往往存在色偏）。所有这些实验结果都证明所提出的模型比一般化的模型更有利于启发深度网络的搭建。

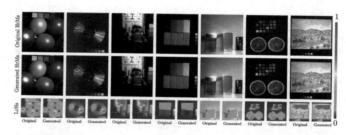

图 5-9　由 CMHF-net 生成的 HrMs/LrHs 图像（第 10 帧），所展示的 7 个样本是从测试样本中随机选取的

阶段数的影响　在本节中，我们通过实验探讨网络的阶段数 K 的影响。为了使结果公平，我们调整网络中涉及的 ResNet 的层数 L，使各个对比方法中的网络参数相差不多。为了进一步验证所提出的网络模块的有效性，我们进一步实现了一个仅由 (5-22) 和 (5-23) 中的 ResNet 模块构成的网络（我们简单称这个对比方法为 "ResNet"）用以比较。在这个方法中，我们将输入设置为 $[\mathcal{Y}, \mathcal{Z}_{up}]$，其中

表 5-2　intMHF-net 方法与所提出的 MHF-net 方法生成的高分辨率多光谱图像的 RMSE 结果

Data #	1	2	3	4	5	6	7	8	9	10	11	12	Average
intMHF-net (HrMs)	3.98e-01	4.84e-01	3.61e-01	5.11e-01	3.19e-01	6.40e-01	3.82e-01	3.44e-01	3.82e-01	3.93e-01	4.42e-01	3.22e-01	4.15e-01
CMHF-net (HrMs)	7.20e-06	6.91e-06	7.48e-06	8.03e-06	7.25e-06	6.72e-06	7.39e-06	7.38e-06	7.81e-06	7.00e-06	7.42e-06	7.85e-06	7.37e-06
intMHF-net (LrMs)	1.56e-03	1.49e-03	1.39e-03	4.28e-03	1.36e-03	1.55e-03	1.46e-03	1.64e-03	1.40e-03	1.44e-03	1.32e-03	1.39e-03	1.69e-03
CMHF-net (LrMs)	1.71e-03	2.51e-03	1.27e-03	4.48e-03	1.18e-03	2.42e-03	1.53e-03	2.17e-03	1.34e-03	1.22e-03	1.26e-03	1.35e-03	1.87e-03

$\mathcal{Z}_{up}$ 是 LrHs 图像 $\mathcal{Z}$ 的双线性上采样结果，这样的设置在前人的方法中是很常见的。这里，我们将 ResNet 的层数设置为 30。

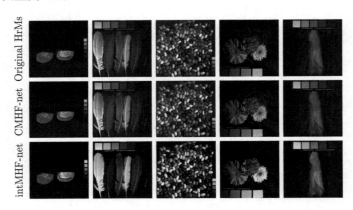

图 5-10　由 intMHF-net 和 CMHF-net 分别生成的 RGB (HrMs) 图像，所展示的 5 个样本是从测试样本中随机选取的

表 5-3 展示了在 12 个测试样本上的平均结果。我们可以观察到，CMHF-net 总是能取得优于 ResNet 的结果，而两者的区别仅在于是否引入所提出的网络模块。同时，我们也能观察到，即使总网络层数小，所提出的网络阶段数越多的网络也能取得更优的结果，而越多的阶段数，说明所提出的网络模块嵌入得越多。这些实验结果说明，所提出的网络结构确实能为高光谱融合带来帮助。

表 5-3   CMHF-net 在不同阶段数下的平均结果

图像质量指标	ResNet	CMHF-net with (K, L)			
		$(4, 9)$	$(7, 5)$	$(10, 4)$	$(13, 2)$
PSNR	32.25	36.15	36.61	36.85	**37.23**
SAM	19.093	9.206	8.636	7.587	**7.298**
ERGAS	141.28	92.94	88.56	86.53	**81.87**
SSIM	0.865	0.948	0.955	0.960	**0.962**
FSIM	0.966	0.974	0.975	0.975	**0.976**

5.5.2   响应系数一致数据上的对比实验

接下来，我们在测试数据的光谱和空间响应与训练数据一致的情况下，对所提出的 CMHF-net 和 BMHF-net 与目前最新方法进行比较，以便验证其有效性。

对比方法   这里使用的对比方法包括 FUSE[142]、ICCV15[143]、GLP-HS[144]、SFIM-HS[145]、GSA[146]、CNMF[39]、M-FUSE[127] 这 7 个无监督方法及 PNN[132]、3D-CNN[131] 这两个最新的深度学习方法。我们同时也将上文的 ResNet 作为一个基础的对比方法。

CAVE 数据集上的对比实验结果   在与上一个小节相同的实验设置下，我们对比在 CAVE 数据的 12 个测试样本上的实验结果（我们设置 CMHF-net 和 BMHF-net 中，$K = 13$，$L = 2$）。表 5-4 给出了 12 个对比方法的平均结果。可以看出，所提出的 BMHF-net 与 CMHF-net 方法能取得超过前人方法的效果。同时 CMHF-net 的指标高于 BMHF-net，这可能是因为在训练与测试数据的响应系数一致的情况下，CMHF-net 通过深度网络从所有训练样本中估计的响应系数比 BMHF-net 从单个样本上估计的结果更为准确。图 5-11 展示了"chart and stuffed toy"的第 10 个通道的结果。可以看出所提出的方法在视觉上也取得了超过前人方法的效果。

表 5-4　CAVE 数据集上，12 个对比方法在 12 个测试样本上的平均结果

模型	PSNR	SAM	ERGAS	SSIM	FSIM
FUSE	30.95	13.07	188.72	0.842	0.933
ICCV15	32.94	10.18	131.94	0.919	0.961
GLP-HS	33.07	11.58	126.04	0.891	0.942
SFIM-HS	31.86	7.63	147.41	0.914	0.932
GSA	33.78	11.56	122.50	0.884	0.959
CNMF	33.59	8.22	122.12	0.929	0.964
M-FUSE	32.11	8.82	151.97	0.914	0.947
PNN	32.42	14.73	134.51	0.884	0.956
3D-CNN	34.82	8.96	109.20	0.937	0.971
ResNet	32.25	16.14	141.28	0.865	0.966
CMHF-net	**37.23**	**7.30**	**81.87**	**0.962**	**0.976**
BMHF-net	36.37	8.16	89.06	0.952	0.972

Chikusei 数据集上的对比实验结果　Chikusei 数据集[34] 是 2019 年 7 月 29 日在日本 Chikusei 市拍摄的航拍高光谱数据。数据集由一个 $2517 \times 2335 \times 128$ 大小的高光谱数据组成。我们通过与上述实验相似的方法生成 HrMs 数据与 LrHs 数据以便进行实验。

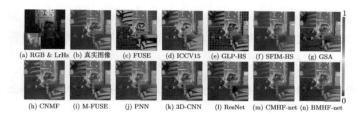

图 5-11　CAVE 数据集上的结果可视化 (a) "chart and stuffed toy" 数据上仿真生成的 HrMs 图像和 LrHs 图像 (第 10 个谱段 (490nm))；(b) 真实的 HrHs 图像；(c)—(n)12 个对比方法的融合结果，其中两个方形区域被放大以方便观察

我们从原始图像的上方选取 500×2210 像素大小的区域，并将其分割为带重叠的 96×96 的图像小块作为训练数据。同时，我们将剩余的区域分割成 16 个不重叠的图像块作为测试数据，每个样本的大小为 $448 \times 544 \times 128$。由于过多的光谱维度会引起计算代价的升高，所以我们使用 PCA[131] 方法对数据进行了降维。具体来说，我们首先从训练数据的全体构成的矩阵中计算其右奇异值矩阵 $\boldsymbol{V} \in \mathbf{R}^{128 \times 30}$。可知 $\boldsymbol{V}^{\mathrm{T}}\boldsymbol{V} = \boldsymbol{I}$。然后对于每个数据样本 $\boldsymbol{X}_n$，我们计算 $\tilde{\boldsymbol{X}}_n = \boldsymbol{X}_n\boldsymbol{V}$，并用其代替非原始数据进行训练。此时，网络使用的每个训练数据为 $\tilde{\mathcal{X}}_n = \mathrm{fold}(\tilde{\boldsymbol{X}}_n) \in \mathbf{R}^{96 \times 96 \times 30}$。在测试阶段，我们通过 $\hat{\mathcal{X}}_{\mathrm{test}} = \mathrm{CMHF\text{-}net}(\mathcal{Y}_{\mathrm{test}}, \mathcal{Z}_{\mathrm{test}}, \Theta) \times_3 \boldsymbol{V}$ 得到最终的融合结果。

表 5-5 展示了 12 个测试图像上的平均结果。可以看出，在每个指标上，所提出的方法都有明显的优势。图 5-12

展示了一个测试样本的图像结果，这里我们选取 70-100-36 通道为 RGB 通道生成了伪彩色图像以方便观察。可以看出所提出的方法生成的伪彩色图像最接近真实结果。

表 5-5　Chikusei 数据集上，12 个对比方法在 12 个测试图像上的平均结果

模型	PSNR	SAM	ERGAS	SSIM	FSIM
FUSE	26.59	7.92	272.43	0.718	0.860
ICCV15	27.77	3.98	178.14	0.779	0.870
GLP-HS	28.85	4.17	163.60	0.796	0.903
SFIM-HS	28.50	4.22	167.85	0.793	0.900
GSA	27.08	5.39	238.63	0.673	0.835
CNMF	28.78	3.84	173.41	0.780	0.898
M-FUSE	24.85	6.62	282.02	0.642	0.849
PNN	24.30	4.26	157.49	0.717	0.807
3D-CNN	30.51	**3.02**	129.11	0.869	0.933
ResNet	29.35	3.69	144.12	0.866	0.930
CMHF-net	**32.26**	**3.02**	**109.55**	**0.890**	**0.946**
BMHF-net	31.49	3.21	116.88	0.878	0.939

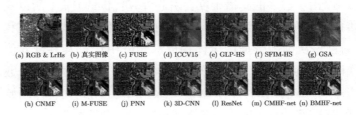

(a) RGB & LrHs　(b) 真实图像　(c) FUSE　(d) ICCV15　(e) GLP-HS　(f) SFIM-HS　(g) GSA

(h) CNMF　(i) M-FUSE　(j) PNN　(k) 3D-CNN　(l) ResNet　(m) CMHF-net　(n) BMHF-net

图 5-12　Chikusei 数据集上的实验结果可视化 (a) Chikusei 数据上仿真生成的 HrMs 和 LrHs 图像，我们用高光谱图像的第 70-100-36 段作为 RGB 生成伪彩色图像；(b) 真实的 HrHs 图像；(c)—(n) 12 个对比方法的融合结果，其中一个方形区域被放大以方便观察

　　真实数据上的对比实验结果　我们选择 "Roman Colosseum" 这个真实图像进行实验。这个图像是由 World View-2 拍摄得到的。这个数据包含一个 $1676 \times 2632 \times 3$ 的 HrMs (RGB) 图像和一个 $419 \times 658 \times 8$ 的 LrHs 图像，而不包含 HrHs 图像。我们选取原始 HrMs 和 LrHs 图像的上半部分作为训练数据，它们的大小分别为 $836 \times 2632 \times 3$ 和 $209 \times 658 \times 8$，并将剩下的半部分作为测试数据。我们将训练数据分割成 $144 \times 144 \times 3$ 带重叠的 HrMs 图像块和 $36 \times 36 \times 3$ 带重叠的 LrHs 图像块，并通过图 B-4 所示的方法生成仿真的训练数据。

　　图 5-13 展示了测试数据融合结果的一部分（原始图像的左下区域）。从视觉上，容易看出所提出的方法的结果具有较好的视觉效果。与 ResNet 的结果相比，我们可以看到两种方法的结果都很清晰，但是所提出的方法结果的颜色和亮度显然更接近 LrHs 图像。

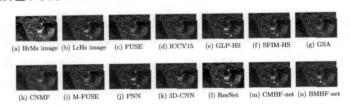

图 5-13　真实数据上的实验结果可视化 (a) 和 (b) 分别为 "Roman Colosseum" 数据上的 HrMs 和 LrHs 图像，我们用高光谱图像的第 5-3-2 作为 RGB 生成伪彩色图像；(c)—(n) 12 个对比方法的融合结果，其中一个方形区域被放大以方便观察

5.5.3 响应系数非一致数据上的对比实验

接下来，我们在测试数据的光谱和空间响应与训练数据非一致的情况下，对所提出的 CMHF-net 和 BMHF-net 与目前最新方法进行比较，以便进一步验证其有效性。

CAVE 数据集上的对比实验结果 首先，我们在 CAVE 数据集上进行仿真实验。在这个实验中，我们不再使用固定的 R 和 C，转而对每个数据随机生成 R_n 和 C_n，以便模拟训练和测试数据不一致的情况。这里，HrMs 图像和 LrHs 图像分别由 $Y_n = X_n R_n$ 和 $Z_n = C_n X_n$ 生成。

特别地，我们通过 $R_n = \sum_{i=1}^{I} u_i^n R_i^B$ 生成 R_n。其中 $\{R_i^B\}_{i=1}^{I}$ 是 I 个不同相机的光谱响应系数[147]。$u_i^n > 0 (i = 1, 2, \cdots, I)$ 为 I 个随机组合系数，满足 $\sum_{i=1}^{I} u_i^n = 1$。相似地，我们通过 $C_n = \sum_{j=1}^{J} v_j^n C_j^B$ 生成 C_n。其中 $\{C_j^B\}_{j=1}^{J}$ 是 J 个空间响应基底 $D\phi^{B_j}$ 的个数，其中 D 是采样率为 32 的下采样算子，ϕ^{B_j} 是具有不同尺度参数的各向同性高斯点扩展函数。$v_j^n > 0 (j = 1, 2, \cdots, J)$ 是 J 个随机组合系数，满足 $\sum_{j=1}^{J} v_j^n = 1$。我们同时也对测试数据随机用相同的方式生成光谱和空间响应。可以看出，训练/测试样本之间以及训练和测试数据之间的频谱/空间响应互不相同。

与上一节类似，我们从 CAVE 数据库中随机选择 20 个 HS 图像，并从中提取 96×96 带重叠图像块作为训练样本进行训练，并将剩下的 12 张 HS 图像作为测试数据。

对于每个测试样本，我们随机生成 10 个不同的光谱和空间响应对，并使用每种对比方法计算这 10 个响应对下的平均结果。表 5-6 展示了 10 次重复实验的平均结果，可以看出所提出的 BMHF-net 在所有指标上都取得了远超其他方法的结果。同时，我们可以看出，在这个情况下，3D-CNN、PNN、ResNet 等深度学习方法的效果低于传统方法。事实上，考虑到训练与测试数据的不一致性，这个现象是很容易理解的。图 5-14 展示了在样本 "jelly beans"上的可视化结果，可以看出 BMHF-net 能得到超过其他方法的视觉效果。

表 5-6 CAVE 数据集上，12 个对比方法在 12 个测试样本与 10 次重复实验的平均结果

模型	PSNR	SAM	ERGAS	SSIM	FSIM
FUSE	40.21	7.22	67.89	0.970	0.984
ICCV15	33.85	11.39	127.48	0.944	0.969
GLP-HS	39.32	7.50	66.86	0.968	0.978
SFIM-HS	36.96	7.71	155.89	0.963	0.976
GSA	36.04	8.52	93.39	0.948	0.974
CNMF	40.26	4.84	61.08	0.984	0.987
M-FUSE	33.65	9.56	125.63	0.904	0.975
PNN	16.70	38.07	777.28	0.139	0.904
3D-CNN	34.90	9.60	103.67	0.958	0.979
ResNet	34.10	14.06	117.21	0.917	0.979
CMHF-net	41.22	6.20	53.69	0.983	0.990
BMHF-net	**44.73**	**4.91**	**40.62**	**0.990**	**0.992**

CASI-Houston 和 ROSIS-Pavia 数据上的对比实验结果 接下来，我们在两个航拍高光谱数据集上进行实

验。第一个数据集是由 ITRES CASI-1500 在休斯敦大学校园及其附近的市区上方拍摄，其图像大小为 349×1905，包含 0.364 nm 到 1.046 nm 144 个光谱通道。我们称这个数据集为 CASI-Houston 数据[148]。第二个数据集是由 ROSIS-3 在意大利的帕维亚大学上方拍摄，其图像大小为 610×340，去除 22 个噪声严重的通道后，还有 93 个通道，光谱范围为 470 nm 到 838 nm。我们称这个数据集为 ROSIS-Pavia。

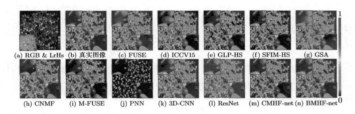

(a) RGB & LrHs (b) 真实图像 (c) FUSE (d) ICCV15 (e) GLP-HS (f) SFIM-HS (g) GSA

(h) CNMF (i) M-FUSE (j) PNN (k) 3D-CNN (l) ResNet (m) CMHF-net (n) BMHF-net

图 5-14　CAVE 数据集上的结果可视化 (a) "jelly beans" 数据上仿真生成的 HrMs 和 LrHs 图像（第 10 个谱段 (490nm)）；(b) 真实的 HrHs 图像；(c)—(n) 12 个对比方法的融合结果，其中两个方形区域被放大以方便观察

在这个实验中，我们在 CASI-Houston 数据集上先取训练数据训练所有深度学习方法，并分别在从 CASI-Houston 与 ROSIS-Pavia 数据选取的测试集上进行测试。具体地，我们从 CASI-Houston 选择 336×880，同时包含有云与无云区域的图像块作为测试数据，并将剩下的部分分割成带重叠的 64×64 图像小块作为训练样本。同时，我们将整个 ROSIS-Pavia 作为另一个 610×340 的测试样本。与 Chikusei 数据

上的实验相同，我们对数据用 PCA 方法进行降维[131]。这个操作不仅能够大大减小计算代价，还能将两个数据在输入网络时将通道的数量处理成一样的。

在训练阶段，我们随机生成 R_n 和 C_n。对任意的 R_n 我们设 HrMs 的 4 个通道的波长中心为分别为 $[478, 487]$、$[543, 547]$、$[650, 660]$ 和 $[816, 883]$，同时将波段的感受范围分别设置为 $[73, 115]$、$[80, 154]$、$[70, 120]$ 和 $[136, 203]$。值得注意的是，大多数常用传感器的中心波长和光谱响应的有效带宽都在此范围内。同时，我们使用尺度参数为 50 的高斯函数对 R_n 的各列进行平滑化，最终生成的光谱响应系数如图 5-15(a) 所示。我们令空间响应 $C_n = D\phi_n$，其中 D 是采样率为 8 的下采样算子，ϕ_n 是各向同性的高斯核，其尺度参数设置为 1 和 10 之间的随机数。

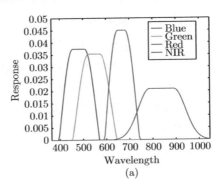

(a)

图 5-15　实验所用光谱响应实例 (a) CASI-Houston 数据随机生成的光谱响应例子；(b) ROSIS-Pavia 数据上的真实光谱响应

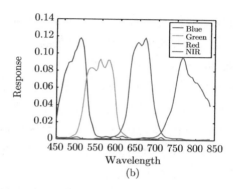

(b)

图 5-15　实验所用光谱响应实例 (a) CASI-Houston 数据随机
生成的光谱响应例子；(b) ROSIS-Pavia 数据上的真实
光谱响应（续）（见彩插）

　　对于来自 CASI-Houston 数据的测试样本，我们用与
训练阶段相同的方式随机生成 10 个不同的光谱和空间响
应对，然后计算这 10 次随机重复实验的平均定量结果。
表 5-7 的上半部分是 10 次随机重复实验的平均结果。可
以很容易地看出，所提出的 BMHF-net 的结果明显优于对
比方法，而其他深度学习方法相对传统方法没有太多优势。
图 5-16 是该实验的图像结果，从中也可以观察到所提出
的 BMHF-net 的优势。

表 5-7　CASI-Houston 数据上，12 个对比方法 10 次重复实验
的平均测试结果与 ROSIS-Pavia 数据上的测试结果

模型	PSNR	SAM	ERGAS	SSIM	FSIM
Data (train/test): CASI-Houston/CASI-Houston; Condition: favourable					
FUSE	39.36	2.00	48.36	0.984	0.985
ICCV15	35.96	2.62	59.10	0.983	0.985
GLP-HS	39.25	1.79	44.66	0.989	0.990
SFIM-HS	38.33	1.89	54.00	0.983	0.983
GSA	39.26	2.28	43.38	0.986	0.988
CNMF	36.85	9.63	7545.89	0.891	0.951
M-FUSE	32.26	3.32	89.94	0.958	0.957
PNN	22.55	10.48	285.85	0.459	0.662
3D-CNN	38.04	2.28	46.79	0.987	0.988
ResNet	41.56	1.51	32.07	0.994	0.995
CMHF-net	44.45	0.98	24.12	0.996	0.996
BMHF-net	**46.34**	**0.84**	**21.11**	**0.997**	**0.997**
Data (train/test): CASI-Houston/ROSIS-Pavia; Condition: challenging					
FUSE	42.61	2.25	34.37	0.989	0.992
ICCV15	37.18	2.46	56.55	0.983	0.986
GLP-HS	43.35	1.74	28.12	0.991	0.994
SFIM-HS	43.63	1.73	28.29	0.990	0.994
GSA	38.10	3.30	53.54	0.974	0.981
CNMF	43.20	1.73	28.63	0.991	0.994
M-FUSE	36.51	3.03	59.46	0.976	0.981
PNN	10.01	61.10	1457.02	0.038	0.474
3D-CNN	14.92	14.48	954.95	0.640	0.804
ResNet	20.13	10.38	391.12	0.769	0.853
CMHF-net	22.56	14.25	294.67	0.734	0.825
BMHF-net	**44.50**	**1.72**	**25.88**	**0.992**	**0.994**

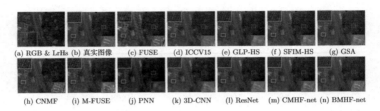

图 5-16　CASI-Houston 数据的实验结果可视化 (a) "University of Houston" 仿真数据生成的 HrMs 和 LrHs 图像，我们用高光谱图像的第 121-3-2 作为 RGB 生成伪彩色图像；(b) 真实图像；(c)—(n)12 个对比方法的融合结果，其中一个方形区域被放大以方便观察

对于来自 ROSIS-Pavia 数据的测试样本，我们使用真实传感器的光谱响应（如图 5-15（b）所示）生成 HrMs 图像，并将空间响应设置为高斯核，比例参数设置为 5。请注意，在此测试样本上执行 MS／HS 融合对于深度学习方法而言是一项艰巨的任务，因为此处的谱带数、强度和光谱响应都与训练样本完全不同。表 5-7的下半部分显示了相对于 5 个质量指标的 ROSIS 定量结果。从中可以明显观察到 BMHF-net 的优势。相比而言，其他深度学习方法（包括 CMHF 网络）的性能要比无监督方法差得多。图 5-17显示了所有竞争方法的合成图像和相对均方误差（RMSE）图。可以看出，在保留纹理/边缘细节和整体强度方面，BMHF-net 的视觉效果明显优于其他方法。

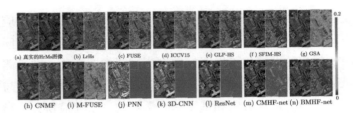

图 5-17 ROSIS-Pavia 数据的实验结果可视化 (a)"University of Pavia"数据集上真实的 HrHs 图像（左）和仿真的 HrMs （右），我们用高光谱图像的第 1-50-60 作为 RGB 生成伪彩色图像；(b) LrHs 图像（左）与其直接邻域放大 8 倍结果的 RMSE 场（右）；(c)—(n) 12 个对比方法的结果（左）与其对应的 RMSE 场（右），其中一个方形区域被放大以方便观察

5.6 小结

　　本章提出了一种可解释的高光谱融合网络框架，称为 MHF-net。与大多数当前的网络结构相比，其独特之处在于网络的所有基本模块都有明确的物理含义，包括 $\mathcal{X}$ 的恢复、LrHs 残差 $\mathcal{E}$ 的计算、从残差中抽取信息得到梯度方向 $\mathcal{G}$、潜在基底 $\hat{\mathcal{Y}}$ 的更新等。这让我们在训练和测试过程中对网络内部进行观察与理解变得非常方便。此外，固有的 HrMs 图像生成机制被自然地嵌入网络中，可以确保网络的输出满足 HrMs 的观测模型。同时，一般 HrHs 拥有的低秩先验也被自然地嵌入网络，进一步确保了网络输出的准确性。与大多数已知的深度学习方法相比，所提出的深

度学习网络可以轻松地对训练样本在不同光谱和空间响应下的任务进行训练，得到与响应系数无关的恢复机制。同时所提出的网络也可以很好地在测试图像上泛化，即使测试数据的波段数、强度和光谱响应都与训练数据不同，与基于模型的常规方法和基于深度学习的一系列最新方法相比，所提出的方法在不同场景下都表现出了显著的优势。

本章研究内容的首发论文刊于中国计算机学会推荐 A 类会议 CVPR 2019，代表论文刊于 *IEEE Transactions on Pattern Analysis and Machine Intelligence*，入选 ESI 高被引论文 (参见科研成果 [2] 和 [5])。

第6章

领域知识嵌入的深度
眼底病灶检测网络

本章提出一种领域知识嵌入的深度眼底病灶检测网络。在继承传统深度学习方法检测眼底病灶问题的优势的同时，在网络的构建过程中进一步利用数据的特有结构。所提出的网络的所有模块都具有良好的解释性，同时在经典的数据集上都取得了超越前人方法的效果。

6.1 引言

糖尿病视网膜病变是由糖尿病引起的一种眼病。糖尿病视网膜病变已经成为现代成人视力下降的主要原因之一[7-8]。幸运的是，研究表明早期发现和及时治疗可以很好地预防糖尿病视网膜病变引起的视力下降[149]。因此，发展早期的糖尿病视网膜病变筛查技术非常必要，而眼底视网膜图像分析是糖尿病视网膜病变筛查最常用的方法。然而，人工眼底视网膜图像分析难度很高，即使是经过专业训练的医生也需要数小时才能完成一幅眼底视网膜图像的糖尿病视网膜病变筛查。近年来，随着眼病的发病率不断上升，人工眼底视网膜图像病灶检测的高成本问题成为临床诊断的主要瓶颈。因此，智能眼底病灶检测方法的研究越来越引起人们的关注。

如第 1 章所述及的，近十年来，基于深度学习的方法在许多计算机视觉任务中都表现得优于传统方法。目前，深度学习方法也被引入糖尿病视网膜病变筛查，并被证明非常有效[42-44]。这类方法的研究重点大多数集中在设计多尺特征提取的网络结构和损失项上[45-49]。例如，文献 [50] 提出了一种端到端的统一框架 L-Seg，它对不同深度的网络层进行上采样，将其作为病变分割的初步结果输出，然后将这些结果融合为最终输出。由于该网络考虑了不同深度的特征映射，因此可以同时分割多个病灶，达到当前最优的效果。

深度学习方法虽然取得了很好的效果，但是大多数方法或多或少缺乏可解释性，忽略了眼底图像的内在先验结构。然而，这些知识应该有助于提供视网膜病灶的特征，有望整合到网络中以进一步提高网络性能。

本章中，我们旨在将眼底图像的领域知识嵌入深度网络设计中，以便提升网络的可解释性与性能。眼底图像最明显的特征之一是它可以分解为两个部分，即背景无病变和前景病变成分，如图 6-1(a) 所示。很容易看出，即使眼底图像来自不同的人，其背景成分也可能非常相似（主要的区别在于血管的随机性）。因此，如图 6-1 (d) 和 (e) 所示，眼底图像的背景成分适合使用确定性方式进行编码，例如字典表示模型[51]。相反，眼底图像的病灶成分具有高度的多样性，一幅图像可能包含形状、大小、位置和亮度变异等多种类型的病变。因此，更适合使用随机的方式描述具有这种随机配置的损伤，例如高斯混合（一个分量代表一类损伤）[52]。这种基于先验的建模方法即使在只有极弱监督的损伤注释知识可用的情况下也已经被证实是有效的[53]，这显示了将这种先验知识集成到网络架构中的做法，具有改进现有深度学习方法的巨大潜力。

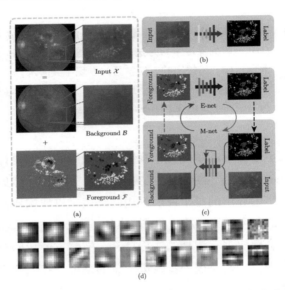

图 6-1　方法动机示意 (a) 眼底图像的背景成分与病灶成分展示；(b) 一般的深度学习方法；(c) 所提出的 EM-net 框架展示；(d) 所提出的方法学习的卷积字典展示；(e) 模型 (6-3) 对背景成分的表示过程展示，其中所有的卷积字典与特征图都是由 EM-net 得到的

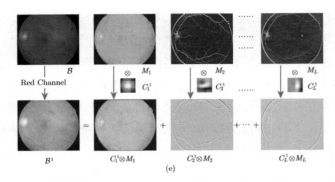

图 6-1　方法动机示意　(a) 眼底图像的背景成分与病灶成分展示；
(b) 一般的深度学习方法；(c) 所提出的 EM-net 框架
展示；(d) 所提出的方法学习的卷积字典展示；(e) 模型
(6-3) 对背景成分的表示过程展示，其中所有的卷积字典
与特征图都是由 EM-net 得到的（续）

在上述分析的基础上，我们首先为眼底图像设计概率
模型，并设计相应的模型参数推断 EM 算法[52]。然后我们
将所提出的算法的每个模块都用网络表示以便构建嵌入领
域知识的深度网络结构，如图 6-1(c) 所示。这种构造的网
络的每个模块都有清晰的物理意义，能够方便我们对网络
的过程进行分析与进一步改进。总的来说，我们的主要贡
献包括：

(1) 基于眼底图像中背景成分的确定性先验知识和病
灶成分的随机性先验知识建立了新的概率模型，并设计了
EM 算法推断模型中包含的所有参数。所提出的算法仅包
含简单的运算，我们能够使用常见的网络模块来表达算法

过程。

(2) 通过将算法的每个迭代步转换为网络模块，我们构造了一个具有较强解释性的眼底病灶分割网络，称为 EM-net。算法的每个迭代步都与网络的每个阶段相符。与 EM 算法相似，网络的每个阶段也包含两个子阶段，分别称为 E-net 和 M-net。如图 6-1 (c) 所示，该方法将分割任务分解为两个相辅相成的子任务，M-net 进行前背景分离的，E-net 用于对病灶成分进行分割。可以看出，这里的分割任务比如图 6-1 (b) 所示的分割任务要容易很多。

(3) 收集并实现了目前最先进的眼底病灶分割方法，并将其与所提出的方法在真实数据集上进行了对比实验。实验结果从数值上和视觉上都验证了所提出的方法的有效性。除了最终结果的有效性以外，所提出的方法在实验过程中表现出清晰的可解释性，可以通过可视化所有网络层上的过程来直观观察并理解网络的过程，以方便我们对网络进行调度与改进。

6.2 EM-net 的基本框架

6.2.1 模型框架

对于 $H \times W$ 的彩色眼底视网膜图像 $\mathcal{X}$，我们可以将其建模为如下形式：

$$\mathcal{X} = \mathcal{F} + \mathcal{B} \tag{6-1}$$

其中，$\mathcal{X}, \mathcal{F}, \mathcal{B} \in \mathbf{R}^{H \times W \times 3}$ 分别表示原图、前景成分与背景成分[⊖]。那么关键问题是如何用概率模型对前景和背景分别进行建模。

前景建模 前景成分主要由病灶与相机噪声组合而成，因此是一个明显可以聚类的结构。可以看出，即使是对不同的患者，同一种病症的病灶也具有相似的亮度、颜色与形态，这说明用一个高斯成分来建模单种病灶在数据集上的分布是合理的。因此，我们可以用混合高斯分布来合理地建模前景成分[52,150]。

首先，我们引入一个隐变量 $\mathcal{Z} \in \mathbf{R}^{H \times W \times K}$，其元素满足 $\mathcal{Z}_{hwk} \in \{0, 1\}$ 且 $\sum_{k=1}^{K} \mathcal{Z}_{hwk} = 1$，它代表了每个像素对应的病灶类别（包含由相机噪声组成的无病灶的类别）。总的来说，前景成分可以建模为如下形式[⊖]：

$$P(\mathcal{F}_{hw}|\mathcal{Z}, \boldsymbol{\mu}, \boldsymbol{\sigma}) = \prod_{k=1}^{K} N(\mathcal{F}_{hw}|\boldsymbol{\mu}_k, \sigma_k \boldsymbol{I})^{\mathcal{Z}_{hwk}} \tag{6-2}$$

其中，$\mathcal{F}_{hw} \in \mathbf{R}^3$ 表示 $\mathcal{F}$ 中位于 (h, w) 位置的彩色像素。$\boldsymbol{\mu}_k (= [\mu_k^1, \mu_k^2, \mu_k^3])$ 和 σ_k 分别代表第 k 个成分的均值及方差[⊖]。K 为混合成分的总数，其中 $K-1$ 个成分代表 $K-1$

⊖ 由于彩色图像有 3 个通道，所以我们采用张量的记号表示它。

⊖ 当使用 $P(\mathcal{Z}_{hw}|\boldsymbol{\pi}) = \prod_k \pi_k^{\mathcal{Z}_{hwk}}$ 作为先验分布时，可以推出 $P(\mathcal{F}_{hw}|\boldsymbol{\mu}, \boldsymbol{\sigma}, \boldsymbol{\pi}) = \sum_{\mathcal{Z}_{hw}} P(\mathcal{Z}_{hw}|\boldsymbol{\pi})P(\mathcal{F}_{hw}|\mathcal{Z}_{hw}, \boldsymbol{\mu}, \boldsymbol{\sigma}, \boldsymbol{\pi}) = \sum_{k=1}^{K} \pi_k N(\mathcal{F}_{hw}|\boldsymbol{\mu}_k, \sigma_k \boldsymbol{I})$，其中，$\pi_k$ 代表了每一类成分的比例。这是高斯分布的标准形式。

⊖ 由于彩色图像有 3 个通道，所以这里均值是一个三维向量。

种病灶，剩下的 1 种成分代表无病灶成分。$\boldsymbol{\mu}$ 和 $\boldsymbol{\sigma}$ 分别是由 $\boldsymbol{\mu}_k$ 及 σ_k（$k=1,2,\cdots,K$）组成的向量。注意到，通过对这个模型的参数进行估计，我们同时也能得到各个成分的分类信息。

背景建模　如前文所述，即使是来自不同患者的眼底图像，非病变成分的局部模态也是相对固定的。例如，背景成分的颜色变化模式、边缘和血管分布的模式都较为固定。因此，可以合理地利用卷积字典表示模型对背景成分进行编码[51,151]：

$$\mathcal{B}^c = \sum_{l=1}^{L} \boldsymbol{C}_l^c \otimes \boldsymbol{M}_l, c = 1, 2, 3 \qquad (6\text{-}3)$$

其中，$\mathcal{B}^c$ 表示 $\mathcal{B}$ 中的第 c 个通道，$\boldsymbol{C}_l^c \in \mathbf{R}^{p \times p}$ 为代表 $\mathcal{B}^c$ 局部特征的第 l^{th} 个卷积字典，$\boldsymbol{M}_l \in \mathbf{R}^{H \times W}$ 为相对应的特征图，它编码了局部特征的位置和表示系数。图 6-1(e) 为这个模型的一个直观展示。值得注意的是，我们让背景成分的三个通道共享同一个特征图，这是因为不同通道的空间结构非常相似，共享特征图可以减小自由度，增加泛化性。为了简单起见，在下文中我们简记式 (6-3) 为 $\mathcal{B} = \sum\limits_{l=1}^{L} \mathcal{C}_l \otimes \boldsymbol{M}_l$，其中，$\mathcal{C}_l \in \mathbf{R}^{p \times p \times 3}$ 为 $\boldsymbol{C}_l^c$ 的张量形式，且这里表示将张量通道与矩阵逐一进行卷积。

眼底图像的完整概率模型　通过将式 (6-1) 与式 (6-3) 代入式 (6-2)，可以得到眼底图像的完整概率模型为

$$\mathcal{X} \sim P(\mathcal{X}|\mathcal{Z}, \mathcal{M}, \mathcal{C}, \boldsymbol{\mu}, \boldsymbol{\sigma})$$

$$= \prod_{hwk} N \left(\mathcal{X}_{hw} - \left(\sum_{l=1}^{L} \mathcal{C}_l \otimes \boldsymbol{M}_l \right)_{hw} \middle| \boldsymbol{\mu}_k, \sigma_k \boldsymbol{I} \right)^{\mathcal{Z}_{hwk}} \tag{6-4}$$

其中，$\mathcal{X}_{hw} \in \mathbf{R}^3$ 表示 $\mathcal{X}$ 中 (h, w) 位置的彩色像素，$\mathcal{C}$ 和 $\mathcal{M}$ 分别是由 $\mathcal{C}_l$ 和 $\boldsymbol{M}_l$ 组成的张量，其余参数的定义与前文相同。

应该注意的是，对于相同设备获得的图像，参数 $\mathcal{C}$、$\boldsymbol{\mu}$、$\boldsymbol{\sigma}$ 在整个数据集中是固定的，因此我们可以从训练数据上估计并确定它们。在后面的章节中，我们将展示如何用深度网络估计这些参数。与上面的几个参数不同，$\mathcal{M}$ 对每个数据都是有特异性的，因此，对于每个新的数据（测试数据）我们都要重新估计 $\mathcal{M}$。此外，$\mathcal{Z}$ 是对每个数据进行病灶分割的关键。因此，现在的主要任务是在其他参数固定的前提下对每个数据的参数 $\mathcal{M}$ 和 $\mathcal{Z}$ 进行推断。通过为 $\mathcal{Z}$ 引入常用的先验分布，$P(\mathcal{Z}) = \prod_{hwk} \pi_k{}^{\mathcal{Z}_{hwk}}$，可以推出关于 $\mathcal{M}$ 与 $\mathcal{Z}$ 的后验分布为[152]

$$P(\mathcal{M}, \mathcal{Z} | \mathcal{X}, \mathcal{C}, \boldsymbol{\mu}, \boldsymbol{\sigma}, \boldsymbol{\pi}) \propto P(\mathcal{M}) P(\mathcal{Z}) P(\mathcal{X} | \mathcal{Z}, \mathcal{M}, \mathcal{C}, \boldsymbol{\mu}, \boldsymbol{\sigma})$$

$$= P(\mathcal{M}) \prod_{hwk} \left(\pi_k N \left(\mathcal{X}_{hw} - \left(\sum_{l=1}^{L} \mathcal{C}_l \otimes \boldsymbol{M}_l \right)_{hw} \middle| \boldsymbol{\mu}_k, \sigma_k \boldsymbol{I} \right) \right)^{\mathcal{Z}_{hwk}} \tag{6-5}$$

其中，$P(\mathcal{M})$ 表示 $\mathcal{M}$ 上的先验分布，我们将在后文讨论它的选取。通过推断模型 (6-5)，我们可以推断 $\mathcal{M}$ 并通过 $\mathcal{F} = \mathcal{X} - \sum_l \mathcal{C}_l \otimes \boldsymbol{M}_l$ 算出前景成分。

6.2.2 模型求解

本节中，我们展示当其他参数已知时如何求解 $\mathcal{M}$ 和 $\mathcal{Z}$。我们可以直接使用 EM 算法来求解模型 (6-5)。那么，算法将在估计各像素的隶属度 (E 步) 与最大化后验分布 (M 步) 之间进行交替迭代。

E 步 每个像素关于第 k 个混合成分的后验隶属度[92]为

$$
\begin{aligned}
\gamma_{hwk} &= \mathbb{E}\{\mathcal{Z}_{hwk}\} \\
&= \frac{\pi_k N\left(\mathcal{X}_{hw} - \left(\sum_{l=1}^{L} \mathcal{C}_l \otimes \boldsymbol{M}_l\right)_{hw} \middle| \boldsymbol{\mu}_k, \sigma_k \boldsymbol{I}\right)}{\sum\limits_k \pi_k N\left(\mathcal{X}_{hw} - \left(\sum_{l=1}^{L} \mathcal{C}_l \otimes \boldsymbol{M}_l\right)_{hw} \middle| \boldsymbol{\mu}_k, \sigma_k \boldsymbol{I}\right)}
\end{aligned}
\tag{6-6}
$$

事实上，γ 即代表了前景的分割结果，$k_{hw}^* = \arg\max\{\gamma_{hwk} | k = 1, \cdots, K\}$ 即 (h, w) 位置的像素的分类结果。现有研究表明，使用类似式 (6-6) 的方法对前景进行分割能够取得不错的效果[53]。

M 步 M 步对 E 步给出的对数后验函数的变分下界进行最大化，即

$$
\mathbb{E}_{\mathcal{Z}} \lg P(\mathcal{M}, \mathcal{Z} | \mathcal{X}, \mathcal{C}, \boldsymbol{\mu}, \boldsymbol{\sigma}, \boldsymbol{\pi}) = \lg P(\mathcal{M}) +
$$

$$
\sum_{hwk} \gamma_{hwk} \lg\left(\pi_k N\left(\mathcal{X}_{hw} - \left(\sum_{l=1}^{L} \mathcal{C}_l \otimes \boldsymbol{M}_l\right)_{hw} \middle| \boldsymbol{\mu}_k, \sigma_k \boldsymbol{I}\right)\right)
\tag{6-7}
$$

容易推出，式 (6-7) 关于 $\mathcal{M}$ 的最优化问题等价于

$$\min_{\mathcal{M}} \left\| \mathcal{W} \odot \left(\mathcal{X} - \sum_{l=1}^{L} \mathcal{C}_l \otimes \boldsymbol{M}_l - \mathcal{U} \right) \right\|_F^2 + g(\mathcal{M}) \qquad (6\text{-}8)$$

其中，$\odot$ 为哈达马积，即将张量的元素按位置的对应关系分别相乘。$g(\mathcal{M})$ 是由 $P(\mathcal{M})$ 导出的正则项，且

$$\mathcal{W}_{hwc} = \sum_{k=1}^{K} \frac{\gamma_{hwk}}{2\sigma_k^2}, \; \mathcal{U}_{hwc} = \frac{\sum\limits_{k=1}^{K} \frac{\gamma_{hwk}\mu_k}{2\sigma_k^2}}{\mathcal{W}_{hwc}} \qquad (6\text{-}9)$$

根据近端梯度下降法[134]，式 (6-8) 的求解可以通过下面的迭代进行：

$$\mathcal{M}^t = \arg\min_{\mathcal{M}} Q\left(\mathcal{M}, \mathcal{M}^{t-1}\right) \qquad (6\text{-}10)$$

其中，$\mathcal{M}^{t-1}$ 是前一步的迭代结果，$Q\left(\mathcal{M}, \mathcal{M}^{t-1}\right)$ 为目标函数的二次近似[134]，其定义为

$$\begin{aligned} & f\left(\mathcal{M}^{t-1}\right) + \left\langle \mathcal{M} - \mathcal{M}^{t-1}, \nabla f\left(\mathcal{M}^{t-1}\right) \right\rangle + \\ & \frac{1}{2\eta} \left\| \mathcal{M} - \mathcal{M}^{t-1} \right\|_F^2 + g(\mathcal{M}) \end{aligned} \qquad (6\text{-}11)$$

其中，$f(\mathcal{M}) = \| \mathcal{W} \odot \left(\mathcal{X} - \sum_{l=1}^{L} \mathcal{C}_l \otimes \boldsymbol{M}_l - \mathcal{U} \right) \|_F^2$，$\eta$ 代表步长参数。对于很多形式的 $g(\mathcal{M})$，式 (6-11) 都有如下形式的解析解：

$$\mathcal{M}^t = \operatorname{prox}_g \left(\mathcal{M}^{t-1} - \eta \nabla_{\mathcal{M}} f\left(\mathcal{M}^{t-1}\right) \right) \qquad (6\text{-}12)$$

其中，prox_g 是一个与 g 相关的近端算子：$\nabla_{\mathcal{M}} f(\mathcal{M}) = \left[\dfrac{\partial f(\mathcal{M})}{\partial \boldsymbol{M}_1}, \cdots, \dfrac{\partial f(\mathcal{M})}{\partial \boldsymbol{M}_L}\right]$ 且

$$\frac{\partial f(\mathcal{M})}{\partial \boldsymbol{M}_l} = \sum_{c=1}^{3} \boldsymbol{C}_l^c \otimes^{\mathrm{T}} \left(\mathcal{W} \odot \left(\sum_{l=1}^{L} \mathcal{C}_l \otimes \boldsymbol{M}_l + \mathcal{U} - \mathcal{X} \right) \right)^c \tag{6-13}$$

上述算法中只涉及简单的计算，在下节中我们将展示如何将它转化为网络形式。

6.2.3 网络设计

在上述算法的基础上，我们提出一个新的眼底病灶分割网络，该网络不仅能够继承算法流程的可解释性，而且能够充分发挥深度学习的优势。这种基于算法展开建立的网络结构已经在前人的算法中被验证是十分有效的[135,153-154]。所提出的网络结构由 T 个阶段组成，每个阶段由 E-net 和 M-net 两个子网络组成。

E-net 设计　在算法中，E 步的功能是对前景（即 $\mathcal{X} - \sum_{l=1}^{L} \mathcal{C}_l \otimes \boldsymbol{M}_l$）成分进行聚类。然而，传统的 E 步只进行了像素的聚类，既没有利用空间信息，也没有利用训练集的监督信息。因此，我们在这里采用现有的有监督分割网络代替传统固定的聚类算子。具体地，如图 6-2所示，我们将 M-net 估计的前景成分 $\mathcal{F}^{(t)}$ 作为 E-net 的输入，输入每个类的隶属度 $\gamma^{(t)} \in \mathbf{R}^{H \times W \times K}$。在第 t 个阶段，E-net 执行下面的计算：

$$\gamma^{(t)} = \text{E-net}_{\alpha_t}\left(\mathcal{F}^{(t)}, \left\{\gamma^{(i)}\right\}_{i=1}^{t-1}\right) \tag{6-14}$$

其中，$\text{E-net}_{\alpha_t}(\cdot)$ 是由一个分割网络[50] 与一个融合模块组成的，α_t 是对应的网络参数。融合模块的功能是将前面阶段 E-net 输出的结果 $\left\{\gamma^{(i)}\right\}_{i=1}^{t-1}$ 与当前阶段分割网络的输入融合，以便利用前面阶段的结果。更多的细节可以参见附录。

M-net 设计　M-net 设计的关键在于式 (6-12) 中的近端算子。本文中，我们参考前人研究的成功经验，采用 ResNet 来表示近端算子[135,139,155]。总的来说，在网络的第 t 个阶段，我们将式 (6-12) 展开为如下的 M-net 模块：

$$\begin{aligned}
\mathcal{B}^{(t)} &= \text{Conv}\left(\mathcal{C}, \mathcal{M}^{(t-1)}\right), \\
\mathcal{F}^{(t)} &= \mathcal{X} - \mathcal{B}^{(t)}, \\
\mathcal{E}^{(t)} &= \mathcal{W}\left(\gamma^{(t)}\right) \odot \left(\mathcal{U}\left(\gamma^{(t)}\right) - \mathcal{F}^{(t)}\right), \\
\mathcal{G}^{(t)} &= \text{Conv}^{\text{T}}\left(\mathcal{C}, \mathcal{E}^{(t)}\right), \\
\mathcal{M}^{(t)} &= \text{ProxNet}_{\beta_t}\left(\mathcal{M}^{(t-1)} - \eta\mathcal{G}^{(t)}\right)
\end{aligned} \tag{6-15}$$

其中，$\text{Conv}(\cdot)$ 和 $\text{Conv}^{\text{T}}(\cdot)$ 代表卷积算子与转置卷积算子$^{\ominus}$，$\text{ProxNet}_{\beta_t}(\cdot)$ 为 ResNet 形式的近端算子，参数为 β_t，$\mathcal{W}(\cdot)$ 和 $\mathcal{U}(\cdot)$ 为两个按元素进行的算子，定义为

$$\mathcal{W}_{hwc}(\gamma) = \sum_{k=1}^{K} \frac{\gamma_{hwk}}{2\sigma_k^2}, \quad \mathcal{U}_{hwc}(\gamma) = \frac{\sum_{k=1}^{K} \frac{\gamma_{hwk}\mu_k}{2\sigma_k^2}}{\mathcal{W}_{hwc}(\gamma)} \tag{6-16}$$

$\ominus$　这里的卷积与转置卷积为经典的 TensorFlow 平台通用形式，与式 (6-3) 和式 (B-3) 中的计算等价。

其中，μ 和 σ 分别代表各类的均值与方差参数，在这里，它们也是网络参数。

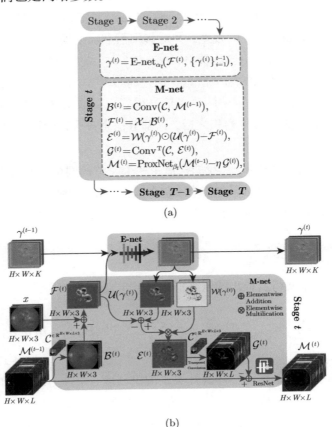

(a)

(b)

图 6-2　所提的 EM-net 网络结构 (a) 所提出的 EM-net 展示，其 K 个阶段对应到算法的 K 个迭代步；(b) EM-net 第 k 个阶段的网络结构（见彩插）

如图 6-2所示，M-net 的模块设置有清晰的物理意义。可以看出，M-net 对于当前前景阶段成分中不准确的残余信息进行提取。更具体地，M-net 先计算 $\mathcal{F}^{(t)}$ 与病灶的平均值场 $\mathcal{U}\left(\gamma^{(t)}\right)$ 的残差，并对其用不准确度场 $\mathcal{W}\left(\gamma^{(t)}\right)$ 进行加权。从图中容易看出，$\mathcal{U}\left(\gamma^{(t)}\right)$ 与 $\mathcal{F}^{(t)}$ 十分接近但不包含任何背景的细节信息，通过将 $\mathcal{F}^{(t)}$ 与 $\mathcal{U}\left(\gamma^{(t)}\right)$ 相减，可以将混入 $\mathcal{F}^{(t)}$ 中的背景信息很好地提取出来。进一步，在与 $\mathcal{C}$ 进行转置卷积之后，这部分信息被合理地用来更新 $\mathcal{M}^{(t)}$。

通过上述步骤，我们构造了一个完整的网络框架，称为 EM-net。所有涉及的参数，包含 $\mathcal{C}$、$\boldsymbol{\mu}$、$\boldsymbol{\sigma}$、η 和 $\{\alpha_t, \beta_t\}_{t=1}^{\mathrm{T}}$ 都能从训练数据中自动训练得到。

6.2.4 网络训练

本文将所提出的网络训练函数定义如下：

$$L=\sum_{t=1}^{T}\tau_t L_{ce}\left(\gamma^{(t)},\gamma_{tru}\right)+\lambda\sum_{t=1}^{T}L_2\left(\mathcal{B}^{(t)},\mathcal{B}_{tru}\right)+R(\boldsymbol{\mu},\boldsymbol{\sigma})$$

$$(6\text{-}17)$$

其中，γ_{tru} 表示不同病灶类别的隶属度，$\gamma^{(t)}$ 为第 t 个阶段 E-net 的输出，$\mathcal{B}^{(t)}$ 和第 t 个阶段估计的背景，$\tau=[\tau_1,\cdots,\tau_t]$ 是 L_{ce} 中各阶段损失的权重，λ 是一个权重参数，L_{ce} 是多通道交叉熵损失[50]，L_2 代表平方损失，$R(\boldsymbol{\mu},\boldsymbol{\sigma})$ 为 $\boldsymbol{\mu}$ 与 $\boldsymbol{\sigma}$ 的正则项，$\mathcal{B}_{tru}$ 是从 $\mathcal{X}$ 通过病灶区域填充得到的背景图像。

6.3 实验结果

在本节中，我们首先对 EM-net 在两个常见数据集上的性能进行量化比较，然后通过网络特征的可视化展示其可解释性。

对比方法 我们将 EM-net 与几种代表性的多病变分割模型进行比较，包括代表眼底去噪最新方法的 L-seg[50]、医学图像分割常用的网络结构 U-net[156]、自然图像分割的代表性方法 DeepLabv3+[157] 和 U-net 的最新变体 CE-net[48]。对这些方法，我们先取其在两个常规训练损失下的结果（二范数损失与多通道交叉熵损失[50]）中的较优结果。

衡量指标 与 IDRiD 数据集上挑战[158] 和 L-seg 研究[50] 一样，我们使用了如下的两个衡量指标：AUC（area under precision recall curve）和 mAUC（mean AUC）。前者被广泛用于量化阳性和阴性样品高度失衡的病变分割的性能，而后者是多病变分割的平均评估指标。

实现细节 通过所有的实验，我们以 L-seg 作为 E-net 的简洁性和效率。我们使用 TensorFlow 框架对 EM-net 进行训练，我们采用 Adam 算法，在 0.0001 学习率下进行了 100000 次迭代。我们将 EM-net 的阶段数定为 5（即 $T = 5$），将局部字典数定为 20（即式 (6-3) 中 $L = 20$），且将 C 的空间大小定为 10。损失函数 (6-17) 中的 τ 设置为 $[1, 1, 1, 1, 10]$。

6.3.1 IDRiD 数据上的实验

IDRiD (Indian Diabetic Retinopathy Image Dataset)[158] 由国际生物医学影像研讨会 2018 年会议发布，为每幅图像提供有关糖尿病性视网膜病变的疾病严重程度和糖尿病性黄斑水肿的信息。该数据集包含 81 幅彩色眼底图像，其中 54 幅图像用于训练，27 幅图像用于测试。每幅图像的分辨率为 2848×2848，包含微动脉瘤（MA）、出血（HE）、硬性渗出液（EX）和软性渗出液（SE）的像素级标注。本书中，我们将图像的大小调整为 712×1072，以便节省内存，并在训练阶段进一步提取 300×300 的图像块作为 EM-net 的输入。

表 6-1 的左侧展示了 4 种病灶的 AUC 结果和所有病变的 mAUC 结果。可以看出，所提出的方法的指标整体上高于对比方法。值得注意的是，由于 SE 颜色与外观的多变性，SE 分割十分困难，而所提出的方法在分割 SE 方面取得了显著效果。图 6-3 展示了病灶分割的视觉结果，EM-net 在视觉上优于所有比较方法。

表 6-1　两个数据集上 AUC 的实验对比

Method	Dataset: IDRiD					Dataset: DDR				
	MA	HE	SE	EX	mAUC	MA	HE	SE	EX	mAUC
L-seg	0.44	**0.63**	0.69	0.83	0.65	0.11	0.49	0.17	0.62	0.35
U-net	0.41	0.55	0.52	0.83	0.58	0.03	0.34	0.14	0.52	0.26
DeepLabv3+	0.38	0.51	0.70	0.77	0.59	0.03	0.38	**0.22**	0.57	0.30
CE-net	0.44	0.57	0.62	0.80	0.61	0.09	0.25	0.12	0.57	0.26
EM-net	**0.45**	**0.63**	**0.73**	**0.85**	**0.67**	**0.15**	**0.49**	0.20	**0.64**	**0.37**

Ground truth   L-seg   U-net   DeepLabv3+   CE-net   EM-net

图 6-3 IDRiD 数据中 4 个样本上的 5 个对比方法的实验结果展示，其中浅蓝色、深蓝色、绿色、黄色分别代表 MA、HE、EX 和 SE 的分割结果（见彩插）

6.3.2 DDR 数据集上的实验

DDR 数据集[7] 是当前最大的数据集，有 EX、HE、MA 和 SE 等病灶的像素级注释。数据集包含 757 幅眼底图像，其中 HE、MA、SE 和 EX 分别包含 601 幅、570 幅、239 幅和 486 幅图像。该数据集包含 383 幅用于训练的图像和 225 幅用于测试的图像。由于这些图像是从不同的医院收集的，大小各不相同，因此在我们的实验中，我们将每幅图像的大小调整为 432×648，以方便进行实验。表 6-1 的右侧与图 6-4 分别展示了量化与视觉上的实验结果。可以看出，所提出的 EM-net 在 AUC 和 mAUC 指标下都得到了优于对比方法的结果。EM-net 的 mAUC 达到 0.37，超过第二的 L-seg 方法 0.02 个点。如图 6-4 所示，EM-net 相比其他方法可以有效减少误报率。

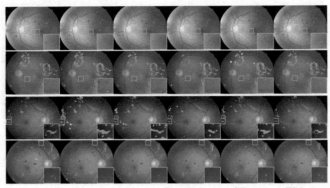

Ground truth　L-seg　　　U-net　DeepLabv3+　CE-net　　EM-net

图 6-4　DDR 数据中 4 个样本上的 5 个对比方法的实验结果展示，其中浅蓝色、深蓝色、绿色、黄色分别代表 MA、HE、EX 和 SE 的分割结果（见彩插）

6.3.3　与 IDRiD 挑战榜对比

表 6-2 展示了 EM-net 与 IDRiD 挑战前 5 名方法之间的对比数值结果。当同时考虑将对四种病灶的分割时，EM-net 获得了最高的 mAUC 值。另外，EM-net 在 SE 病灶的分割上排名第一，在 HE 病灶的分割上排名第三，在 EX 和 MA 病灶的分割上排名第四。值得一提的是，排名前三的团队针对不同的病变使用了不同的深度架构[159]，在训练阶段获得了大量要调整的超参数和四种不同病灶分割的模型。但所提出的 EM-net 仅使用统一的模型来实现

所有病变分割的最新结果，这表明所提出的网络相对传统
方法具有明显优势。

表 6-2　与 IDRiD 竞赛的前 5 个方法的结果对比

Method (Team)	MA	HE	SE	EX	mAUC
VRT (1st)	**0.50**	**0.68**	0.70	0.71	0.65
PATech (2nd)	0.47	0.65	—	**0.89**	—
iFLYTEK-MIG (3rd)	**0.50**	0.56	0.66	0.87	0.65
SOONER (4th)	0.40	0.54	0.54	0.74	0.55
SAIHST (5th)	—	—	—	0.86	—
EM-net	0.45	0.63	**0.73**	0.85	**0.67**

6.3.4　解释性验证

本小节，我们对 EM-net 各个模块的输出进行展示，以
便验证所提出的网络的各模块的可解释性。

我们首先在 IDRiD 数据集的测试样本上可视化
EM-net 每个阶段学习的前景和背景。如图 6-5 所示，随
着阶段的进行，所提出的方法分离出来的前景与背景的质
量都有明显的提升，这与算法的迭代过程相符。可以看出，
第一个阶段输出的背景非常模糊，并错误地混入了许多前
景成分。此外，阶段 4 和阶段 5 所获得的前景图像非常
清晰，几乎不包含血管等背景成分。此外，我们可以观察
到随着迭代的进行，病灶逐渐变得越来越明显，这导致在
EM-net 的后期阶段分割任务变得更加容易。

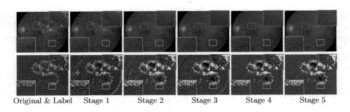

Original & Label   Stage 1   Stage 2   Stage 3   Stage 4   Stage 5

图 6-5 EM-net 各阶段生成的背景（上）与前景（下）展示（即式 (6-15) 中的 $\mathcal{B}^{(t)}$ 与 $\mathcal{F}^{(t)}$）。图中两个视窗被放大 2.5 倍以方便观察

图 6-6可视化了 M-net 中的各个网络层（对于这些层的详细计算，可以参考式 (6-15)）。可以观察到，M-net 中所有层都具有清晰的物理解释性。具体来看，$\mathcal{U}$ 代表了病灶的均值场（由阶段中的类别标签 γ 计算得到），如图 6-6(e) 所示，这个均值场中同类标签的值都十分接近。因此，$\mathcal{U}$ 比 $\mathcal{F}$ 平滑很多，但同时又与 $\mathcal{F}$ 十分接近。在计算 $\mathcal{E} = \mathcal{W} \odot (\mathcal{U} - \mathcal{F})$ 时，$\mathcal{W}$ 是代表了估计的前景的不确定度场（由阶段中的类标签 γ 确定）对有用信息的提取起到了加权作用（方差越大，不确定度就越高，加越小的权重）。$\mathcal{E}$ 是从当前估计的前景中提取的残差信息，如图 6-6(f) 所示，$\mathcal{E}$ 主要包含误分为前景的背景信息。因此，用 $\mathcal{E}$ 像来更新背景的特征场是十分合理的。此外，如图 6-1(d) 和 (e) 所示，EM-net 学习的 $\mathcal{C}$ 和 $\mathcal{M}$ 能够对背景进行合理的表达。这些特征保证了所提出的网络的可解释性，同时也对网络的结构进行了约束，起到了提升泛化性的作用。

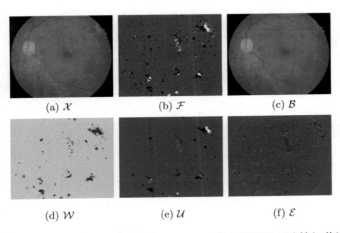

(a) $\mathcal{X}$　　　　(b) $\mathcal{F}$　　　　(c) $\mathcal{B}$

(d) $\mathcal{W}$　　　　(e) $\mathcal{U}$　　　　(f) $\mathcal{E}$

图 6-6　网络的第 4 个阶段中，M-net 的各层展示 (计算细节请
　　　　参见式 (6-15) 和图 6-2)

6.4　小结

　　本章提出了一种用于眼底病变分割的深度学习网络
EM-net。所提出的网络的特点在于其与传统基于先验优
化的 EM 算法具有良好的对应关系。网络的每个模块都具
有可解释的物理含义，这种特性有助于对网络的结构进行
分析，对训练过程网络内部的情况进行了解，并探索其各
个模块之间的相应作用。在常用的两个数据集上，所提出
的 EM-net 都表现出了优于前人方法的性能。这种网络设
计思想在其他应用上应该也可以发挥重要作用。

　　本章研究内容已经整理成文，并投稿于 *IEEE Trans-*
actions on Medical Imaging (参见科研成果 [7])。

第 7 章

结论与展望

7.1　结论

本节主要研究几种典型图像处理与分析场景下的领域知识建模方法，既涉及无监督学习框架，也涉及有监督学习框架。其中无监督学习的场景包括高阶数据的稀疏性先验建模、彩色图像的非局部相似性建模以及低 CT 图像的噪声建模三个应用；有监督学习的场景包括高光谱图像融合、眼底视网膜病灶检测两个应用。本书的主要贡献是：

(1) 提出了一种新型的高阶稀疏性度量，在一定的程度上填补了高维数组稀疏性研究的空白。所提出的高阶稀疏性度量不仅充分编码了两种经典张量分解方式（Tucker 分解与 CP 分解）的稀疏性内涵，而且具有与传统向量/矩阵稀疏性度量的一致性。同时蕴含显著的物理意义 (张量表达的 1 秩 Kronecker 基个数)。进一步基于此度量，我们提出了一般张量稀疏性模型及其求解方法。我们在高光谱去噪、高光谱填充、视频前景和背景建模三个应用上对所提出的新度量进行了测试，证实了其优越性。

(2) 提出了一种具有旋转与颜色不变性的彩色图像非局部自相似性建模方法，为彩色图像的非局部自相似性提供了更精细的建模。所提出的方法用图像先验分布的形式建模了旋转与颜色不变性的非局部自相似性，更准确地刻画了彩色图像的非局部自相似性结构。我们将所提出的模型应用到彩色图像去噪问题中，将问题转化为标准的最大贝叶斯后验估计问题，并在仿真与真实数据上验证了新方法的有效性。

(3) 提出了一种领域知识嵌入的 CT 弦图去噪方法。通过充分考虑低剂量 CT 中两个本征噪声源的统计特性，即 X 射线的量子随机和背景电噪声，我们将低剂量 CT 弦图预处理问题标准化为最大后验概率（MAP）估计问题。同时，针对 CT 弦图独特的分片线性特征提出了一种新的 CT 弦图先验分布，能合理地建模 CT 弦图的特性。与传统的弦图去噪方法相比，所提出的模型的似然（损失）项和先验（正则）项都得到了更准确的、更符合 CT 弦图生成机制的统计本质。所提出的方法在仿真与真实数据上都取得了超越前人方法的效果。

(4) 提出了一种物理机制嵌入的深度高光谱融合网络。通过将低分辨率图像的生成模型和高光谱图像的低秩先验知识结合，提出一种新的高光谱融合模型，并将该模型的求解过程融入深度网络的设计，构建了一个新的高光谱融合网络——MHF-net。由于模型和算法的精心设计，所提出的网络的基本模块不仅具有清晰的可解释性，而且很好地嵌入了低分辨率图像的内在生成机制。所提出的新方法相比传统深度学习网络，在高光谱融合问题上有着质的泛化性提升。

(5) 提出了一种领域知识嵌入的深度视网膜眼底病灶分割网络。通过充分考虑前景（病灶）和背景（视网膜底版图像）特征，以及前景和背景分离的方式，我们提出了视网膜眼底图像新统计模型。为新模型设计了有效的 EM 求解算法，据此构建了一种与算法求解过程一致的新型视网膜眼底病灶分割深度学习网络——EM-net。相比于传统视网膜眼底病灶分割网络，EM-net 能够将视网膜眼底图像与病灶的结构信息合理地嵌入网络的设计中，从而得到超越现有方法的效果。

7.2　展望

本书对不同场景下领域知识在现代图像分析与处理技术中的建模方式进行了初步探索，但复杂领域知识的建模对目前的人类科学来说依然是有待探索的漫长道路。这不仅涉及人们对物理世界的本质了解，也涉及人们对应用问题的抽象描述；不仅需要对客观规律进行凝练总结，还需要研究和开发用于求解问题的实用数学技术。本书的研究只是站在这条道路起点的初步探索，其进一步研究的方向众多，但限于本人学识，只列出如下三方面问题：

(1) 目前，许多传统方法的领域知识建模往往处于如下两个极端中：首先，过于工程化，虽然在实际应用中能够取得一定的效果，但是无法从数学上抽象出问题本质的特征并且进行精确的刻画与建模。其次，数学建模过于简单，虽然方便了问题的求解与理论分析，但是无法精确刻画领域知识。本书在一定的程度上对两个极端进行了初步的折中与融合，但仍然需要结合实际应用开发更实用的数学技术以便进行更加简洁高效的领域知识建模。

(2) 利用领域知识建立可解释的网络结构是未来的一个重要研究方向。深度卷积网络在图像处理与分析应用中取得了引人注目的成功，不仅提升了很多图像处理与分析问题的精度，更是极大降低了测试阶段的计算时间，使很多复杂应用变得高效而实用。然而目前的深度网络研究仍然存在改进之处，其中，网络过于复杂的"黑箱"结构严重影响了研究人员对深度网络的认知与进一步改进。过多的参数与过高的自由度使现有基于深度网络的"人工智能"在实验中的表现十分笨拙，仅能对监督学习的目标有一定的拟合效果，但对于很多无监督的简单规律都无法正确学习，其训练结果也因此缺乏可解释性及泛化性。领域知识嵌入是建模与网络结构设计的一个重要依据之一，能够极大降低网络的自由度与参数量。因此，融入领域知识的网络结构表示有很重要的研究价值。

(3) 在上一点的基础上，我们可以利用领域知识构建不同应用的特异性深度学习网络结构，而将不同应用共同的先验特点用同一个网络共享，从而实现跨应用的"元"知识学习。例如，图像去噪与去模糊应用，都依赖于目标图像的结构先验，而这个先验与这两个应用无关是图像自身的先验，我们应该学习这两个应用共享的先验知识。又比如，高光谱图像处理时，数据的空间先验与普通图像的先验是一样的，这表明这两类应用也可以有共享的成分。如果能将不同应用的特异性进行充分建模，并转化为网络结构，就有可能将不同应用的一致性知识进行共享与学习，从而各得到一个刻画一大类应用的公共先验知识及普遍规律的网络模块。同时，这种"元"学习的思想不仅能应用到图像数据的先验学习上，在非图像数据中也应该是可行的。

附录

理论结果证明

本章中，我们给出文中定理的证明。首先，我们给出如下引理[160]。

引理 A.1 对任意的 $m \times n$ 矩阵 $\boldsymbol{A}$ 与 $\boldsymbol{B}$，记 $\sigma(\boldsymbol{A}) = [\sigma_1(\boldsymbol{A}), \sigma_2(\boldsymbol{A}), \cdots, \sigma_r(\boldsymbol{A})]^{\mathrm{T}}$ 和 $\sigma(\boldsymbol{B}) = [\sigma_1(\boldsymbol{B}), \sigma_2(\boldsymbol{B}), \cdots, \sigma_r(\boldsymbol{B})]^{\mathrm{T}}$ 分别为它们的奇异值组成的向量，那么

$$tr(\boldsymbol{A}^{\mathrm{T}}\boldsymbol{B}) \leqslant \sigma(\boldsymbol{A})^{\mathrm{T}}\sigma(\boldsymbol{B})$$

等式成立当且仅当存在酉矩阵 $\boldsymbol{U}$ 与 $\boldsymbol{V}$ 使 $\boldsymbol{A} = \boldsymbol{U}\Sigma_A\boldsymbol{V}^{\mathrm{T}}$ 且 $\boldsymbol{B} = \boldsymbol{U}\Sigma_B\boldsymbol{V}^{\mathrm{T}}$ 分别是 $\boldsymbol{A}$ 和 $\boldsymbol{B}$ 的奇异值分解。 □

接下来我们证明第 2 章中的下面两个定理。

定理 A.1 $\forall \boldsymbol{A} \in \mathbf{R}^{m \times n}$，下面的问题有闭式解。

$$\max_{\boldsymbol{U}^{\mathrm{T}}\boldsymbol{U}=I} \langle \boldsymbol{A}, \boldsymbol{U} \rangle \tag{A-1}$$

且其解为 $\hat{U} = BC^{\mathrm{T}}$, 其中 $A = BDC^{\mathrm{T}}$ 是 A 的奇异值分解。 $\qquad\square$

证明 对于任意的 $U \in \mathbf{R}^{m \times n}$, 满足 $U^{\mathrm{T}}U = I$, 可知其奇异值全为 1。因此 U 的奇异值分解可以写为如下形式:

$$U = \hat{B} I_{n \times n} \hat{C}^{\mathrm{T}}$$

其中, $B \in \mathbf{R}^{m \times n}, C \in \mathbf{R}^{n \times n}$ 且 $I_{n \times n} \in \mathbf{R}^{r \times r}$ 为单位矩。通过 von Neumann's 迹不等式, 可知当 $\hat{B} = B$ and $\hat{C} = C$ 时, $\langle A, U \rangle = \mathrm{trace}(A^{\mathrm{T}}U)$, 达到最大值。因此 $\hat{U} = BC^{\mathrm{T}}$, 定理得证。

定理 A.2 对于算法 2-1 得到的点列 $\{\mathcal{S}^{(l)}\}$、$\{\mathcal{M}_k^{(l)}\}$ 和 $\{U_k^{(l)}\}$, $k = 1, 2, \cdots, N$, 令 $\mathcal{X}^{(l)} = \mathcal{S}^{(l)} \times_1 U_1^{(l)} \times \cdots \times_N U_N^{(l)}$, $\{\mathcal{M}_k^{(l)}\}$, 那么 $\{\mathcal{X}^{(l)}\}$ 满足:

$$\begin{aligned} \left\| \mathcal{X}^{(l)} - \mathcal{M}_k^{(l)} \right\|_F &= O\left(\mu^{(0)} \rho^{-l/2} \right), \\ \left\| \mathcal{X}^{(l+1)} - \mathcal{X}^{(l)} \right\|_F &= O\left(\mu^{(0)} \rho^{-l/2} \right) \end{aligned} \tag{A-2}$$

$\qquad\square$

证明 首先我们证明当 $\lim_{l \to \infty} a^{(l)} = 0$ 时,

$$|x - D_{a^{(l)}, \varepsilon}(x)| = O((a^{(l)})^{\frac{1}{2}}) \tag{A-3}$$

根据阈值算子 $D_{a^{(l)}, \varepsilon}$ 的定义, 我们可知, 当 $|x| < 2\sqrt{a^{(l)}} - \varepsilon$ 时

$$|x - D_{a^{(l)}, \varepsilon}(x)| = |x| < 2\sqrt{a^{(l)}} - \varepsilon = O((a^{(l)})^{\frac{1}{2}}) \tag{A-4}$$

当 $|x| \geqslant 2\sqrt{a^{(l)}} - \varepsilon$ 时

$$
\begin{aligned}
|x - D_{a^{(l)},\varepsilon}(x)| &= \frac{|x| + \varepsilon - \sqrt{(|x| + \varepsilon)^2 - 4a^{(l)}}}{2} \\
&= a^{(l)} + O((a^{(l)})^2) \\
&= O((a^{(l)})^1) \\
&= O((a^{(l)})^{\frac{1}{2}})
\end{aligned}
$$

因此 (A-3) 得证。

对任意 $\forall k = 1, \cdots, N$，记 $\boldsymbol{V}_1 \Sigma \boldsymbol{V}_2^{\mathrm{T}}$ 为第 l 步迭代时，$\mathrm{unfold}_k \left(\mathcal{X}^{(l)} + \frac{1}{\mu^{(l)}} \mathcal{P}_k^{(l)} \right)$ 的奇异值分解。根据算法 2-1 的更新公式，可得

$$
\mathcal{M}_k^{(l)} = \mathrm{fold}_k \left(\boldsymbol{V}_1 \Lambda_k \boldsymbol{V}_2^{\mathrm{T}} \right)
$$

其中，$\Lambda = \mathrm{diag}\left(D_{a_k,\varepsilon}(\sigma_1), \cdots, D_{a_k,\varepsilon}(\sigma_n)\right)$，$\sigma_i$ 为 Σ 的第 i 个元素，且

$$
a_k = \left(\frac{\lambda}{\mu} \prod_{j \neq k} P_{ls}^* \left(M_{j(j)^{(l)}} \right) \right) = O\left(\left(\mu^{(l)} \right)^{-1} \right) \tag{A-5}
$$

其中，$\mu^{(l)} \to \infty$。因此，结合 ADMM 中乘子的更新公式与 (A-3)，可得

$$
\begin{aligned}
\left\| \mathcal{P}_k^{(l+1)} \right\|_F &= \left\| \mathcal{P}_k^{(l)} + \mu^{(l)} (\mathcal{X}^{(l)} - \mathcal{M}_k^{(l)}) \right\|_F \\
&= \mu^{(l)} \left\| \boldsymbol{V}_1 (\Sigma - \Lambda) \boldsymbol{V}_2^{\mathrm{T}} \right\|_F \\
&= \mu^{(l)} \left\| \mathrm{diag}\left(\sigma_1 - D_{a_k,\varepsilon}(\sigma_1), \cdots, \sigma_n - D_{a_k,\varepsilon}(\sigma_n)\right) \right\|_F
\end{aligned}
$$

$$= \mu^{(l)} O((a_k)^{\frac{1}{2}})$$
$$= O\left(\left(\mu^{(l)}\right)^{\frac{1}{2}}\right) \tag{A-6}$$

利用 (A-6)，可以进一步算得

$$\left\|\mathcal{X}^{(l)} - \mathcal{M}_k^{(l)}\right\|_F = \frac{1}{\mu^{(l)}} \left\|\mathcal{P}_k^{(l+1)} - \mathcal{P}_k^{(l)}\right\|_F$$
$$\leqslant \frac{1}{\mu^{(l)}} \left(\left\|\mathcal{P}_k^{(l+1)}\right\|_F + \left\|\mathcal{P}_k^{(l)}\right\|_F\right) \tag{A-7}$$
$$= O\left(\left(\mu^{(l)}\right)^{-\frac{1}{2}}\right)$$

这证明了定理中的式 (2-25)。

记 $\mathcal{O}^{(l)} = \dfrac{\beta\mathcal{Y} + \sum\limits_j (\mu^{(l)}\mathcal{M}_j^{(l)} - \mathcal{P}_j^{(l)})}{\beta + N\mu^{(l)}}$，那么

$$\left\|\mathcal{O}^{(l)} - \mathcal{X}^{(l)}\right\|_F = \left\|\frac{\beta\mathcal{Y} + \sum\limits_j (\mu^{(l)}\mathcal{M}_j^{(l)} - \mathcal{P}_j^{(l)})}{\beta + N\mu^{(l)}} - \mathcal{X}^{(l)}\right\|_F$$

$$= \left\|\frac{\beta(\mathcal{Y} - \mathcal{X}^{(l)})}{\beta + N\mu^{(l)}}\right\|_F + \left\|\frac{\sum\limits_j (\mu^{(l)}(\mathcal{M}_j^{(l)} - \mathcal{X}^{(l)}) - \mathcal{P}_j^{(l)})}{\beta + N\mu^{(l)}}\right\|_F$$

$$= O\left(\left(\mu^{(l)}\right)^{-1}\right) + \frac{1}{\beta + N\mu^{(l)}} \sum\limits_j \left\|\mathcal{P}_j^{(l+1)}\right\|_F$$

$$= O\left(\left(\mu^{(l)}\right)^{-\frac{1}{2}}\right) \tag{A-8}$$

记 $\mathcal{Q} = \mathcal{O}^{(l)} \times_1 \boldsymbol{U}_1^{(l)\mathrm{T}} \times \cdots \times_N \boldsymbol{U}_N^{(l)\mathrm{T}}$, $b^{(l)} = \dfrac{1}{\beta + N\mu^{(l)}}$,

那么

$$\left\|\mathcal{S}^{(l+1)} \times_1 \boldsymbol{U}_1^{(l)} \times \cdots \times_N \boldsymbol{U}_N^{(l)} - \mathcal{O}^{(l)}\right\|_F = \left\|\mathcal{S}^{(l+1)} - \mathcal{Q}\right\|_F$$

$$= \left(\sum_{i_1,\cdots,i_N} (q_{i_1,\cdots,i_N} - D_{b^{(l)},\varepsilon}(q_{i_1,\cdots,i_N})^2\right)^{\frac{1}{2}}$$

$$\leqslant \left(\sum_{i_1,\cdots,i_N} (O((\mu^{(l)})^{-\frac{1}{2}}))^2\right)^{\frac{1}{2}}$$

$$= O\left(\left(\mu^{(l)}\right)^{-\frac{1}{2}}\right) \tag{A-9}$$

$\forall n = 1, \cdots, N$，$\boldsymbol{U}_n^{(l+1)}$ 是通过求解下式更新的：

$$\min_{\boldsymbol{U}} \left\|\mathcal{S} \times_1 \boldsymbol{U}_1^{(l+1)}, \cdots, \boldsymbol{U}_{n-1}^{(l+1)} \times_n \boldsymbol{U} \times_{n+1} \boldsymbol{U}_{n+1}^{(l)}, \cdots, \boldsymbol{U}_N^{(l)} - \mathcal{O}\right\|_F^2,$$

因此

$$\left\|\mathcal{X}^{(l+1)} - \mathcal{O}^{(l)}\right\|_F$$

$$= \left\|\mathcal{S}^{(l+1)} \times_1 \boldsymbol{U}_1^{(l+1)} \times \cdots \times_N \boldsymbol{U}_N^{(l+1)} - \mathcal{O}^{(l)}\right\|_F$$

$$\leqslant \left\|\mathcal{S}^{(l+1)} \times_1 \boldsymbol{U}_1^{(l)} \times \cdots \times_N \boldsymbol{U}_N^{(l)} - \mathcal{O}^{(l)}\right\|_F \tag{A-10}$$

$$= O\left(\left(\mu^{(l)}\right)^{-\frac{1}{2}}\right)$$

进一步结合 (A-8) 与 (A-10)，可得

$$\left\|\mathcal{X}^{(l+1)} - \mathcal{X}^{(l)}\right\|_F \leqslant \left\|\mathcal{X}^{(l+1)} - \mathcal{O}^{(l)}\right\|_F + \left\|\mathcal{O}^{(l)} - \mathcal{X}^{(l)}\right\|_F$$

$$= O\left(\left(\mu^{(l)}\right)^{-\frac{1}{2}}\right)$$

这证明了定理中的式 (2-25)。

接下来我们证明第 5 章中的理论结果。

引理 A.2   对任意 $\boldsymbol{X} \in \mathbf{R}^{HW \times S}$, $\boldsymbol{R} \in \mathbf{R}^{S \times s}$, $\tilde{\boldsymbol{Y}} = \boldsymbol{X}\boldsymbol{R}$, $\mathrm{rank}(\boldsymbol{X}) = r > s$ 和 $\mathrm{rank}(\tilde{\boldsymbol{Y}}) = s$, 命

$$\boldsymbol{A} = \left(\tilde{\boldsymbol{Y}}^{\mathrm{T}}\tilde{\boldsymbol{Y}}\right)^{-1}\tilde{\boldsymbol{Y}}^{\mathrm{T}}\boldsymbol{X} \tag{A-11}$$

且 $\boldsymbol{B} \in \mathbf{R}^{(r-s) \times S}$ 为 $\boldsymbol{X} - \tilde{\boldsymbol{Y}}\boldsymbol{A}$ 的前 $r - s$ 个右奇异值向量。那么, 存在 $\hat{\boldsymbol{Y}} \in \mathbf{R}^{HW \times (r-s)}$ 使下式成立:

$$\boldsymbol{X} = \tilde{\boldsymbol{Y}}\boldsymbol{A} + \hat{\boldsymbol{Y}}\boldsymbol{B} \tag{A-12}$$

$\square$

证明   首先, 我们证 $\mathrm{rank}(\boldsymbol{X} - \tilde{\boldsymbol{Y}}\boldsymbol{A}) = r - s$。由于 $\mathrm{rank}(\boldsymbol{X}) = r$, 所以它的奇异值分解可以写为

$$\boldsymbol{X} = \boldsymbol{U}_x\boldsymbol{\Lambda}_x\boldsymbol{V}_x^{\mathrm{T}} \tag{A-13}$$

其中 $\boldsymbol{U}_x \in \mathbf{R}^{HW \times r}$, $\boldsymbol{\Lambda}_x \in \mathbf{R}^{r \times r}$, $\boldsymbol{V}_x \in \mathbf{R}^{S \times r}$, $\boldsymbol{U}_x^{\mathrm{T}}\boldsymbol{U}_x = \boldsymbol{I}$ 且 $\boldsymbol{V}_x^{\mathrm{T}}\boldsymbol{V}_x = \boldsymbol{I}$。令 $\boldsymbol{U} = \boldsymbol{U}_x$ 且 $\boldsymbol{V} = \boldsymbol{V}_x\boldsymbol{\Lambda}^{\mathrm{T}}$, 那么 $\boldsymbol{X} = \boldsymbol{U}\boldsymbol{V}^{\mathrm{T}}$ 且 $\boldsymbol{V}^{\mathrm{T}}\boldsymbol{R} \in \mathbf{R}^{r \times s}$。进一步地, 因为 $\mathrm{rank}(\boldsymbol{V}^{\mathrm{T}}\boldsymbol{R}) \geqslant \mathrm{rank}(\boldsymbol{U}\boldsymbol{V}^{\mathrm{T}}\boldsymbol{R}) = \mathrm{rank}(\tilde{\boldsymbol{Y}}) = s$, 可知 $\mathrm{rank}(\boldsymbol{V}^{\mathrm{T}}\boldsymbol{R}) = s$。因此 $\boldsymbol{V}^{\mathrm{T}}\boldsymbol{R}$ 的奇异值分解可以记为

$$\boldsymbol{V}^{\mathrm{T}}\boldsymbol{R} = \bar{\boldsymbol{U}}\bar{\boldsymbol{\Lambda}}\bar{\boldsymbol{V}}^{\mathrm{T}} = \bar{\boldsymbol{U}}\begin{bmatrix}\boldsymbol{\Sigma}\\\boldsymbol{0}\end{bmatrix}\bar{\boldsymbol{V}}^{\mathrm{T}} \tag{A-14}$$

其中, $\boldsymbol{\Sigma} \in \mathbf{R}^{s \times s}$ 是一个对角元非零的对角矩阵, $\boldsymbol{0}$ 是 $(r - s) \times (r - s)$ 的全零矩阵, $\bar{\boldsymbol{U}} \in \mathbf{R}^{r \times r}$ 和 $\bar{\boldsymbol{V}} \in \mathbf{R}^{s \times s}$ 是正交

矩阵, 那么

$$\begin{aligned}
A &= \left(\tilde{Y}^{\mathrm{T}}\tilde{Y}\right)^{-1}\tilde{Y}^{\mathrm{T}}X \\
&= \left(R^{\mathrm{T}}X^{\mathrm{T}}XR\right)^{-1}R^{\mathrm{T}}X^{\mathrm{T}}X \\
&= \left(R^{\mathrm{T}}VU^{\mathrm{T}}UV^{\mathrm{T}}R\right)^{-1}R^{\mathrm{T}}VU^{\mathrm{T}}UV^{\mathrm{T}} \\
&= \left(R^{\mathrm{T}}VV^{\mathrm{T}}R\right)^{-1}R^{\mathrm{T}}VV^{\mathrm{T}}
\end{aligned} \tag{A-15}$$

因此,

$$\begin{aligned}
X-\tilde{Y}A &= X - XR\left(R^{\mathrm{T}}VV^{\mathrm{T}}R\right)^{-1}R^{\mathrm{T}}VV^{\mathrm{T}} \\
&= UV^{\mathrm{T}} - UV^{\mathrm{T}}R\left(R^{\mathrm{T}}VV^{\mathrm{T}}R\right)^{-1}R^{\mathrm{T}}VV^{\mathrm{T}} \\
&= U(I - V^{\mathrm{T}}R\left(R^{\mathrm{T}}VV^{\mathrm{T}}R\right)^{-1}R^{\mathrm{T}}V)V^{\mathrm{T}} \\
&= U\left(I - \bar{U}\bar{\Lambda}^{\mathrm{T}}\bar{V}^{\mathrm{T}}\left(\bar{V}\bar{\Lambda}^{\mathrm{T}}\bar{\Lambda}\bar{V}^{\mathrm{T}}\right)^{-1}\bar{V}\bar{\Lambda}\bar{U}^{\mathrm{T}}\right)V^{\mathrm{T}} \\
&= U\left(I - \bar{U}\bar{\Lambda}\bar{V}^{\mathrm{T}}\bar{V}\left(\bar{\Lambda}^{\mathrm{T}}\bar{\Lambda}\right)^{-1}\bar{V}^{\mathrm{T}}\bar{V}\bar{\Lambda}^{\mathrm{T}}\bar{U}^{\mathrm{T}}\right)V^{\mathrm{T}} \\
&= U\left(I - \bar{U}\bar{\Lambda}\left(\bar{\Lambda}^{\mathrm{T}}\bar{\Lambda}\right)^{-1}\bar{\Lambda}^{\mathrm{T}}\bar{U}^{\mathrm{T}}\right)V^{\mathrm{T}} \\
&= U\left(I - \bar{U}\begin{bmatrix} I_{s\times s} & 0 \\ 0 & 0 \end{bmatrix}\bar{U}^{\mathrm{T}}\right)V^{\mathrm{T}} \\
&= U\bar{U}\begin{bmatrix} 0 & 0 \\ 0 & I_{(r-s)\times(r-s)} \end{bmatrix}\bar{U}^{\mathrm{T}}V^{\mathrm{T}}
\end{aligned} \tag{A-16}$$

因此, $\mathrm{rank}(X-\tilde{Y}A) \leqslant \mathrm{rank}\left(\begin{bmatrix} 0 & 0 \\ 0 & I_{(r-s)\times(r-s)} \end{bmatrix}\right) = r-s$。

进一步地，通过 (A-16)，可得

$$\begin{bmatrix} \mathbf{0} & \mathbf{0} \\ \mathbf{0} & \boldsymbol{I}_{(r-s)\times(r-s)} \end{bmatrix} = \bar{\boldsymbol{U}}^{\mathrm{T}}\boldsymbol{U}^{\mathrm{T}}(\boldsymbol{X}-\tilde{\boldsymbol{Y}}\boldsymbol{A})\boldsymbol{V}_x\boldsymbol{\Lambda}^{-1}\bar{\boldsymbol{U}} \quad (\text{A-17})$$

因此下式成立：

$$\mathrm{rank}(\boldsymbol{X}-\tilde{\boldsymbol{Y}}\boldsymbol{A}) \geqslant \mathrm{rank}\left(\begin{bmatrix} \mathbf{0} & \mathbf{0} \\ \mathbf{0} & \boldsymbol{I}_{(r-s)\times(r-s)} \end{bmatrix}\right) = r-s$$

因此，$\mathrm{rank}(\boldsymbol{X}-\tilde{\boldsymbol{Y}}\boldsymbol{A}) = r-s$。

接下来，我们可以将 $\boldsymbol{X}-\tilde{\boldsymbol{Y}}\boldsymbol{A}$ 的奇异值写为如下形式：

$$\boldsymbol{X}-\tilde{\boldsymbol{Y}}\boldsymbol{A} = \boldsymbol{U}_e\boldsymbol{\Lambda}_e\boldsymbol{V}_e^{\mathrm{T}} \quad (\text{A-18})$$

其中，$\boldsymbol{U}_e\in\mathbf{R}^{HW\times(r-s)}$，$\boldsymbol{\Lambda}_e\in\mathbf{R}^{(r-s)\times(r-s)}$，$\boldsymbol{V}_e\in\mathbf{R}^{S\times(r-s)}$。由上式可知 $\boldsymbol{B} = \boldsymbol{V}_e^{\mathrm{T}}$。同时，令 $\hat{\boldsymbol{Y}} = \boldsymbol{U}_e\boldsymbol{\Lambda}_e$，则式 (5-19) 成立。结论得证。

定理 A.3 对任意的 $\boldsymbol{X}\in\mathbf{R}^{HW\times S}$ 和 $\tilde{\boldsymbol{Y}}\in\mathbf{R}^{HW\times s}$，若 $\mathrm{rank}(\boldsymbol{X})=r>s$ 且 $\mathrm{rank}(\tilde{\boldsymbol{Y}})=s$，那么以下两个命题等效：

(a) 存在 $\boldsymbol{R}\in\mathbf{R}^{S\times s}$，使

$$\tilde{\boldsymbol{Y}} = \boldsymbol{X}\boldsymbol{R} \quad (\text{A-19})$$

(b) 存在 $\boldsymbol{A}\in\mathbf{R}^{s\times S}$，$\boldsymbol{B}\in\mathbf{R}^{(r-s)\times S}$ 和 $\hat{\boldsymbol{Y}}\in\mathbf{R}^{HW\times(r-s)}$，使

$$\boldsymbol{X} = \tilde{\boldsymbol{Y}}\boldsymbol{A} + \hat{\boldsymbol{Y}}\boldsymbol{B} \quad (\text{A-20})$$

$\square$

证明 （1）首先我们证明当 (b) 满足时，可以推出 (a)。

令 $Q = \begin{bmatrix} A \\ B \end{bmatrix}$，则有

$$X = \begin{bmatrix} \tilde{Y}, \hat{Y} \end{bmatrix} \begin{bmatrix} A \\ B \end{bmatrix} = \begin{bmatrix} \tilde{Y}, \hat{Y} \end{bmatrix} Q \tag{A-21}$$

由 (A-21)，可得 $\mathrm{rank}(Q) \geqslant \mathrm{rank}(X) = r$。进一步地，由于 $Q \in \mathbf{R}^{r \times S}$，可得 $\mathrm{rank}(Q) \leqslant r$。因此，$\mathrm{rank}(Q) = r$。

由于 $\mathrm{rank}(QQ^{\mathrm{T}}) = \mathrm{rank}(Q) = r$，因此 QQ^{T} 可逆。那么，由 (A-20) 可知

$$\begin{bmatrix} \tilde{Y}, \hat{Y} \end{bmatrix} = \begin{bmatrix} \tilde{Y}, \hat{Y} \end{bmatrix} QQ^{\mathrm{T}} (QQ^{\mathrm{T}})^{-1} = XQ^{\mathrm{T}} (QQ^{\mathrm{T}})^{-1} \tag{A-22}$$

令 $R \in \mathbf{R}^{S \times s}$ 为 $Q^{\mathrm{T}} (QQ^{\mathrm{T}})^{-1}$ 的前 s 列，那么，易得 $\tilde{Y} = XR$，即 R 使 (a) 成立。

（2）接下来我们证明当 (a) 成立时，可以推出 (b)。通过引理 A.2，我们可以容易证得结论。我们也可以使用如下更简洁的方式来证明这个结论。

由于 $\mathrm{rank}(X) = r$，存在 $W \in \mathbf{R}^{HW \times r}$ 和 $V \in \mathbf{R}^{S \times r}$，使

$$X = WV^{\mathrm{T}} \tag{A-23}$$

令 $U = V^{\mathrm{T}}R$，那么 $U \in \mathbf{R}^{r \times s}$，且其奇异值分解如下：

$$U = \bar{U} \begin{bmatrix} \Sigma \\ 0 \end{bmatrix} \bar{V}^{\mathrm{T}} \tag{A-24}$$

其中，$\boldsymbol{\Sigma} \in \mathbf{R}^{s \times s}$ 是一个对角元非零的对解矩阵，$\boldsymbol{0}$ 是 $(r - s) \times (r - s)$ 的全零矩阵，$\bar{\boldsymbol{U}} \in \mathbf{R}^{r \times r}$ 与 $\bar{\boldsymbol{V}} \in \mathbf{R}^{s \times s}$ 是正交阵。

定义 $\hat{\boldsymbol{U}}$ 为 $\bar{\boldsymbol{U}}$ 中的后 $r - s$ 列，那么可得

$$\begin{bmatrix} \boldsymbol{U}, \hat{\boldsymbol{U}} \end{bmatrix} = \bar{\boldsymbol{U}} \begin{bmatrix} \boldsymbol{\Sigma} & \boldsymbol{0} \\ \boldsymbol{0} & \boldsymbol{I} \end{bmatrix} \begin{bmatrix} \bar{\boldsymbol{V}} & \boldsymbol{0} \\ \boldsymbol{0} & \boldsymbol{I} \end{bmatrix}^{\mathrm{T}} \tag{A-25}$$

其中，$\boldsymbol{I}$ 是 $(r - s) \times (r - s)$ 的单位矩阵。可以容易看出 (A-25) 即 $\begin{bmatrix} \boldsymbol{U}, \hat{\boldsymbol{U}} \end{bmatrix}$ 的奇异值分解，且所有奇异值都是非零的。因此，$\begin{bmatrix} \boldsymbol{U}, \hat{\boldsymbol{U}} \end{bmatrix}$ 可逆。

令 $\boldsymbol{Q} = \begin{bmatrix} \boldsymbol{U}, \hat{\boldsymbol{U}} \end{bmatrix}^{-1} \boldsymbol{V}^{\mathrm{T}}$，那么 $\boldsymbol{Q} \in \mathbf{R}^{r \times S}$。可得

$$\begin{aligned} \boldsymbol{X} &= \boldsymbol{W} \boldsymbol{V}^{\mathrm{T}} \\ &= \boldsymbol{W} \begin{bmatrix} \boldsymbol{U}, \hat{\boldsymbol{U}} \end{bmatrix} \begin{bmatrix} \boldsymbol{U}, \hat{\boldsymbol{U}} \end{bmatrix}^{-1} \boldsymbol{V}^{\mathrm{T}} \\ &= \begin{bmatrix} \boldsymbol{W} \boldsymbol{V}^{\mathrm{T}} \boldsymbol{R}, \boldsymbol{W} \hat{\boldsymbol{U}} \end{bmatrix} \boldsymbol{Q} \\ &= \begin{bmatrix} \tilde{\boldsymbol{Y}}, \boldsymbol{W} \hat{\boldsymbol{U}} \end{bmatrix} \boldsymbol{Q} \end{aligned} \tag{A-26}$$

令 $\hat{\boldsymbol{Y}} = \boldsymbol{W} \hat{\boldsymbol{U}} \in \mathbf{R}^{HW \times (r-s)}$，$\boldsymbol{A} \in \mathbf{R}^{s \times S}$ 为 $\boldsymbol{Q}$ 的前 s 行且 $\boldsymbol{B}$ 为 $\boldsymbol{Q}$ 的后 $r - s$ 行，那么 (A-26) 即 $\boldsymbol{X} = \tilde{\boldsymbol{Y}} \boldsymbol{A} + \hat{\boldsymbol{Y}} \boldsymbol{B}$，因此 (b) 成立。

推论 A.1 对任意的 $\tilde{\boldsymbol{Y}} \in \mathbf{R}^{HW \times s}$，$\tilde{\boldsymbol{Z}} \in \mathbf{R}^{hw \times S}$，$\boldsymbol{C} \in \mathbf{R}^{hw \times HW}$，若 $\mathrm{rank}(\tilde{\boldsymbol{Y}}) = s$ 且 $\mathrm{rank}(\tilde{\boldsymbol{Z}}) = r > s$，由下面两个命题等价：

(a) 存在 $X \in \mathbf{R}^{HW \times S}$ 和 $R \in \mathbf{R}^{S \times s}$，使

$$\tilde{Y} = XR, \quad \tilde{Z} = CX, \quad \text{rank}(X) = r \tag{A-27}$$

(b) 存在 $A \in \mathbf{R}^{s \times S}$，$r > s$，$B \in \mathbf{R}^{(r-s) \times S}$ 和 $\hat{Y} \in \mathbf{R}^{HW \times (r-s)}$，使

$$\tilde{Z} = C \left(\tilde{Y} A + \hat{Y} B \right) \tag{A-28}$$

$\square$

证明　（1）首先我们证明当 (a) 成立时，可以推出 (b)。

通过定理 A.3 可知，存在 $A \in \mathbf{R}^{s \times S}$，$B \in \mathbf{R}^{(r-s) \times S}$ 和 $\hat{Y} \in \mathbf{R}^{HW \times (r-s)}$ 使 (A-20) 成立。结合 (A-20) 与 $\tilde{Z} = CX$，可以得到 (A-28)，即 (b) 成立。

（2）接下来，我们证明当 (b) 成立时，可以推出 (a)。

令 $X = \tilde{Y} A + \hat{Y} B$，那么 $\tilde{Z} = CX$ 且 $\text{rank}(X) \leqslant r$。进一步地，因为 $\tilde{Z} = CX$，可得 $\text{rank}(X) \geqslant \text{rank}(Z) = r$。因此，$\text{rank}(X) = r$。进一步地，通过定理 1 可知，存在 $R \in \mathbf{R}^{S \times s}$，使 $\tilde{Y} = XR$。因此，此时 (a) 成立，结论得证。

引理 A.3　优化问题

$$\min_u \| w - Uv \|_2^2, \tag{A-29}$$
$$\text{s.t.,} \, \mathbf{1}^T v = 1$$

的闭式解为

$$v^* = \left(U^{\mathrm{T}}U\right)^{-1}\left(U^{\mathrm{T}}w - \frac{1^{\mathrm{T}}\left(U^{\mathrm{T}}U\right)^{-1}U^{\mathrm{T}}w - 1}{1^{\mathrm{T}}\left(U^{\mathrm{T}}U\right)^{-1}1}1\right)$$

(A-30)

$\square$

证明 令 $\lambda^* = \dfrac{2(1^{\mathrm{T}}\left(U^{\mathrm{T}}U\right)^{-1}U^{\mathrm{T}}w - 1)}{1^{\mathrm{T}}\left(U^{\mathrm{T}}U\right)^{-1}1}$，那么，容易算得 v^* 和 λ^* 满足凸问题 (B-9) 的库仑塔克 (KKT) 条件，即

$$
\begin{aligned}
&1^{\mathrm{T}}v^* = 1\\
&\nabla(\|w - Uv^*\|_2^2) + \lambda^*\nabla(1^{\mathrm{T}}v^*)\\
&= 2U^{\mathrm{T}}Uv^* - 2U^{\mathrm{T}}w + \lambda^*1\\
&= 0
\end{aligned}
$$

(A-31)

因此，v^* 和 λ^* 分别是原始问题和对偶问题的最优解，且对偶间隙为 $0^{[161]}$。

附录 B 深度网络设计细节

本章给出论文中所提深度网络的设计细节。

B.1 MHF-net 的设计细节

CMHF-net 中的下采样与上采样网络设计 对于上下采样倍率较低的情况（例如 4 倍上下采样），我们可以直接使用一个通道分离的卷积运算与一层间隔采样算子来刻

画 $\mathrm{downSample}_{\theta_d^{(k)}}(\cdot)$，这与模型对下采样算子的定义完全一样。同时，我们可以使用带上采样的 2D $\mathrm{upSample}_{\theta_u^{(k)}}(\cdot)$ 转置卷积算子来刻画上采样的过程，这也保证了上采样算子与下采样算子是线性运算的转置关系。图 B-1 是上述过程的直观展示。

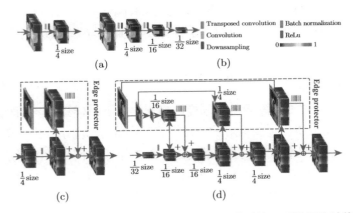

图 B-1　(a) CMHF-net 在 4 倍上下采样时的下采样网络结构实例；(b) CMHF-net 在 32 倍上下采样时的下采样网络结构实例；(c) CMHF-net 在 4 倍上下采样时的上采样网络结构实例；(d) CMHF-net 在 32 倍上下采样时的上采样网络结构实例

对于上下采样倍率较高的情况（例如 32 倍上下采样），下采样的过程中将损失大量的信息。此时，仅一层转置卷积组成的上采样算子往往过于简单，这将导致上采样结果模糊。为了克服这个问题，我们使用多层 2 倍或 4 倍的上下采样过程来代替单层的高倍数上下采样。此外，在上采

样 $\text{upSample}_{\theta_u^{(k)}}(\cdot)$ 中，我们进一步加入了一个 3 层卷积网络构成的细节调整模块，如图 B-1所示。具体地说，我们将 HrMs 下采样到与上采样过程相同的大小，然后将它们并入网络，作为上采样过程的指导。图 B-1 (b) 和 (d) 展示了 32 倍上下采样的实际。

CMHF-net 中的下采样与上采样网络设计 在 CMHF-net 中，由于下式中的下采样算子在训练与测试数据中是固定的：

$$E^{(k)} = CX^{(k)} - Z \tag{B-1}$$

我们可以通过一般的下采样网络来学习下采样算子。然而，在 BMHF-net 要面对的情形中，下采样的响应系数是一个可变的网络输入，这导致通过一般的下采样网络学习固定的下采样算子变得不合理。因此，我们使用网络输入的下采样核 ϕ，构造如下输入相关的下采样过程：

$$\mathcal{E}^{(k)} = D\left(\phi \otimes \mathcal{X}^{(k)}\right) - \mathcal{Z} \tag{B-2}$$

其中 $D(\cdot)$ 是间隔下采样算子，$\phi \in \mathbf{R}^{p \times p}$ 是一个由网络输入决定的模糊核矩阵。图 B-2 (a) 直观地展示了这个过程以供参考。

同样，我们也不能在 BMHF-net 中使用一般形式的上采样算子来刻画上采样。因此我们用以 ϕ 为卷积核的转置卷积进行上采样

$$G^{(k)} = \eta C^{\mathrm{T}} E^{(k)} B^{\mathrm{T}} \tag{B-3}$$

与 CMHF-net 中的上采样不同，即使在高上采样率的情况下，这里也只使用一层转置卷积来进行上采样。一层转置卷积能够恢复的细节显然是有限的，因此，为了进一步提升上采样的效果，我们在上述上采样的结果上增加一个细节调整网络 $\mathrm{adjNet}_{\theta_a^{(k)}}(\cdot)$。此时，(B-3) 即

$$\mathcal{G}^{(k)} = \eta \cdot \mathrm{adjNet}_{\theta_a^{(k)}} \left(\phi \otimes_D^{\mathrm{T}} \mathcal{E}^{(k)} \right) \times_3 \boldsymbol{B} \tag{B-4}$$

其中，$\otimes_D^{\mathrm{T}}$ 代表上采样率与 D 相同的转置卷积算子，$\mathrm{adjNet}_{\theta_a^{(k)}}(\cdot)$ 是一个 U-net 结构的调整网络。图 B-2 (b) 展示了一个直观的实际，以方便读者理解上述的上采样过程。

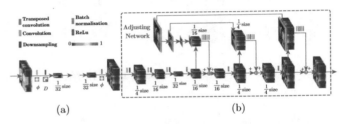

图 B-2　(a)BMHF-net 在 32 倍上下采样时的下采样网络结构实例；(b) BMHF-net 在 32 倍上下采样时的上采样网络结构实例

近端网络与最终调整网络的细节　我们使用深度残差网络 (ResNet) 来构造所提出的网络中的近端网络模块 $\mathrm{proxNet}_{\theta_p^{(k)}}(\cdot)$ 以及最后阶段的调整网络 $\mathrm{resNet}_{\theta_r}(\cdot)$。图 B-3展示了这里使用的 ResNet 结构。

$\boldsymbol{R}$ 与 $\boldsymbol{C}$ 的估计　对于 HrHs 图像 $\mathcal{X}_n$ 已知的仿真数据，我们可以简单地使用 $\{(\mathcal{Y}_n, \mathcal{Z}_n), \mathcal{X}_n\}_{n=1}^N$ 中的成对数据

进行训练。然而，在实际数据中，$\mathcal{X}_n$ 有时是不可测得的，这使网络的成对训练变得困难。在这种情况下，我们使用文献 [132] 中给出的方法，通过 Wald 准则[140] 生成成对的训练数据。图 B-4 是生成成对训练数据的流程展示，简单来说，这个方法的关键就是将 HrMs 与 LrHs 分别进行空间的下采样，并将原始的 LrHs 图像作为下采样后数据的 HrHs 图像。

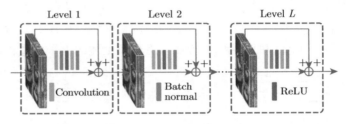

图 B-3　本文所采用的 ResNet 的网络结构

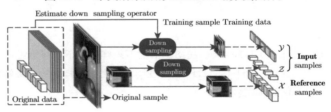

图 B-4　当 HrHs 数据缺失时，仿真地生成训练数据过程

为了使上述方法生成的训练数据与图像的探测器性质相符，我们有必要从估计的 HrMs 与 LrHs 图像中精确地估计 C 与 R。具体地，我们将空间下采样算子表示为

$$C(\cdot) = D(\phi \otimes (\cdot)) \tag{B-5}$$

其中，$D(\cdot)$ 是一个固定的间隔采样算子，$\phi \in \mathbf{R}^{p \times p}$ 是一个模糊核矩阵。那么，我们可以通过求解下面的问题来估计下采样响应系数：

$$
\min_{\boldsymbol{R}, \phi} \sum_n \| \mathcal{Z}_n \times_3 \boldsymbol{R}^{\mathrm{T}} - D(\phi \otimes \mathcal{Y}_n) \|_F^2,
$$
$$
\text{s.t.}, \sum_{i,j} \phi_{ij} = 1 \tag{B-6}
$$

其中，$\mathcal{Z}_n$ 与 $\mathcal{Y}_n$ 是第 n 对观测的 LrHs 与 HrMs 图像样本。我们通过交替坐标下降法来求解 (B-6) 中的 $\boldsymbol{R}$ 与 ϕ。

当 ϕ 固定时，$\boldsymbol{R}$ 可以通过求解下面的子问题更新：

$$
\min_{\boldsymbol{R}} \sum_n \| \boldsymbol{Z}_n \boldsymbol{R} - \mathrm{unfold}_3(D(\phi \otimes \mathcal{Y}_n)) \|_F^2 \tag{B-7}
$$

其中，$\mathrm{unfold}_3(\cdot)$ 是第三个维度的展开算子，$\boldsymbol{Z}_n = \mathrm{unfold}_3(\mathcal{Z}_n)$。这是一个简单的二次规划问题，其闭式解为

$$
\boldsymbol{R}^+ = \left(\sum_n \boldsymbol{Z}_n^{\mathrm{T}} \boldsymbol{Z}_n \right)^{-1} \sum_n \left(\boldsymbol{Z}_n^{\mathrm{T}} \mathrm{unfold}_3 \left(D\left(\phi \otimes \mathcal{Y}_n \right) \right) \right) \tag{B-8}
$$

当 $\boldsymbol{R}$ 固定时，令 $\boldsymbol{v} = \mathrm{vec}(\phi)$，那么 ϕ 可以通过求解如下关于 $\boldsymbol{v}$ 的最优化问题来更新：

$$
\min_u \| \boldsymbol{w} - \boldsymbol{U}\boldsymbol{v} \|_2^2,
$$
$$
\text{s.t.}, \mathbf{1}^{\mathrm{T}} \boldsymbol{v} = 1 \tag{B-9}
$$

其中，$\mathrm{vec}(\cdot)$ 是一个向量化算子；$\boldsymbol{w}$ 是由 $\left\{ \mathcal{Z}_n \times_3 \boldsymbol{R}^{\mathrm{T}} \right\}_{n=1}^{N}$ 中的所有元素组成的向量，即 $\boldsymbol{w} = [\boldsymbol{w}_1; \boldsymbol{w}_2; \ldots; \boldsymbol{w}_N], \boldsymbol{w}_n =$

$\mathrm{vec}\left(\mathcal{Z}_n \times_3 \boldsymbol{R}^{\mathrm{T}}\right)$；$\boldsymbol{U}$ 是由 $\{\mathcal{Y}_n\}_{n=1}^N$ 中与 $D(\cdot)$ 的采样间隔等大的图像块组成的矩阵。由**引理 A.3** 可知，这个问题的闭式解为

$$\phi^+ = \mathrm{fold}_3(\boldsymbol{v}^*) \tag{B-10}$$

综上，我们可以通过迭代进行 (B-8) 与 (B-10) 的更新求解 (B-6)，从而得到下采样响应系数的估计，并使用图 B-4所示的方法生成成对的训练数据。

当空间下采样的倍率很高时，ϕ 的尺寸也会很大，这有时会带来 ϕ 估计上的困难，尤其是 BMHF-net 中对单对数据进行下采样响应估计时，求解 ϕ 的问题有可能是欠定的。在这种情况下，我们用如下字典表示的方式来表式 ϕ：$\phi = \sum_n = 1^N \phi_n w_n$，其中 $\phi_n(n = 1, \cdots, N)$ 是尺度系数不同的 2D 高斯点扩散方程。此时，我们通过求解 $w_n(n = 1, \cdots, N)$ 代替求解 ϕ，容易推出其迭代公式与 (A-30) 相似。

MHF-net 的其他实现细节　本书中，我们使用 TensorFlow 框架来实现所提出的 MHF-net。我们使用 Adam 优化算法进行 50000 步迭代与进行网络参数的学习。在训练过程中，每次迭代随机选取的数据量为 10，迭代步长为 0.0001。

对于 CMHF-net 和 BMHF-net，我们都简单地把训练损失中的折中参数 α 和 β 分别设为 0.1 和 0.01，并设秩参数 r 为 $\min\{15, S\}$，其中 S 是 HrHs 图像的总光谱数。

此外，我们用标准差为 0.1 的 0 均值高斯分布初始化

网络中的大部分参数。除了在 CMHF-net 中，我们将下采样网络 $\text{downSample}_{\theta_d^{(k)}}(\cdot)$ 和上采样网络 $\text{upSample}_{\theta_u^{(k)}}(\cdot)$ 的核初始化为元素值全为 $\frac{1}{p^2}$ 的 $p \times p$ 矩阵，其中 p 是核的尺寸大小，我们将 A 的初始化设为

$$A = (\bar{Y}\bar{Y})^{-1}\bar{Y}^{\mathrm{T}}\bar{X} \tag{B-11}$$

其中，$\bar{Y}$ 和 $\bar{X}$ 是由 HrMs 和 HrHs 的所有训练样本的展开矩阵组成的矩阵。

在上述简单的设置下，我们的网络在本书的所有实验中都能得到始终如一的良好表现。

B.2 EM-net 的设计细节

E-net 的设计细节　E-net 是由一个一般的分割网络与一个融合模块组成的。其中，分割网络的输入是当前阶段估计的前景成分 $\mathcal{F}^{(t)}$，并输出一个临时的分割结果 $\gamma^{(t)}$。融合模块将前面阶段分割网络输出的 $\{\gamma^{(i)}\}_{i=1}^{t-1}$ 与 $\gamma^{(t)}$ 进行融合，通过先前阶段的网络的结果提升当前网络的输出结果，并输出当前阶段的最终分割结果。

具体来说，如图 B-5所示，我们首先在融合模块中将 $\gamma^{(t)}$ 的各个通道分别与 $\{\gamma^{(i)}\}_{i=1}^{t-1}$ 中的对应通道拼合在一起。容易看出，几个通道拼合的结果与几种类型的病灶是一一对应的。

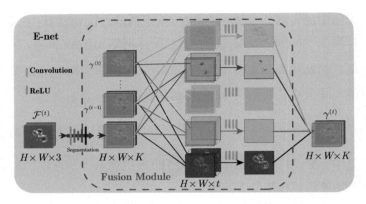

图 B-5 所提出的 E-net 的设计细节展示

损失函数的设计细节 我们简单地把折中参数 λ 设为 0.1。$\mathcal{B}_{tru}$ 是通过 X 与背景成分的支撑 Ω 算得的伪背景成分

$$\mathcal{B}_{tru} = (1 - \Omega_{\text{small}}) \circ X + \Omega_{\text{small}} \odot B_{\text{lesion}} \qquad \text{(B-12)}$$

其中，B_{lesion} 是病灶区域周围的加权平均结果:

$$B_{\text{lesion}} = \frac{((\Omega_{\text{large}} - \Omega_{\text{small}}) \odot X) \otimes G}{(\Omega_{\text{large}} - \Omega_{\text{small}}) \otimes G} \qquad \text{(B-13)}$$

其中，G 是 $60 \times 60 \times 1 \times 1$ 的高斯核，$\Omega_{\text{large}} = \min(1, (1 - \Omega) \otimes K_1)$ 与 $\Omega_{\text{small}} = \min(1, (1 - \Omega) \otimes K_2)$ 分别是一大一小的两个病灶区域的覆盖。K_1 和 K_2 的尺寸分别设计为 $12 \times 12 \times 1 \times 1$ 与 $3 \times 3 \times 1 \times 1$ 且它们的元素都为 1。通过这种方式，Ω_{large} 是病灶区域的 12 像素的扩张，Ω_{small} 是病灶区域的 3 像素的扩张。图 B-6 展示了 (B-12) 算得

的 $\mathcal{B}_{tru}$，其中，上方是原图，下方是我们的计算结果，可以看出这种方式能够算得较为真实的背景图像。

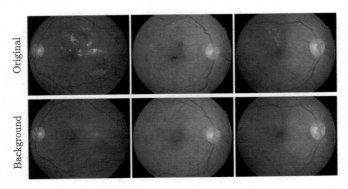

图 B-6　所提出的方法算得的伪背景（$\mathcal{B}_{tru}$，下方）和原始图像（上方）

为了对 μ 和 σ 进行约束，我们为其构造了正则项 $R(\boldsymbol{\mu}, \boldsymbol{\sigma})$：

$$R(\boldsymbol{\mu}, \boldsymbol{\sigma}) = \sum_{hwk} \left(\lg \sigma_k - \frac{1}{2\sigma_k^2} \| \left(\mathcal{X} - \mathcal{B}^{(t)} \right)_{hw} - \boldsymbol{\mu}_k \|_F^2 \right) \tag{B-14}$$

这个正则项被加入损失函数，并参与网络的训练。

参数初始化　我们将 η 的初始化设为 0.0001，并利用病灶的支撑从训练数据中估计 $\boldsymbol{\mu}$ 与 $\boldsymbol{\sigma}$ 以作为这两个网络参数的初始：

$$\boldsymbol{\mu}_k = \frac{\sum\limits_{hwn} \gamma_{hwk}^n (\mathcal{X}^n - \mathcal{B}_{tru}^n)_{hw}}{\sum\limits_{hwn} \gamma_{hwk}^n},$$

$$\sigma_k = \frac{\sum\limits_{hwnc} \gamma_{hwk}^n \left(\left(\mathcal{X}^n - \mathcal{B}_{tru}^n \right)_{hw}^c - \mu_k^c \right)^2}{3 \sum\limits_{hwn} \gamma_{hwk}^n} \tag{B-15}$$

其中，n 是指示了第几个样本，h、w、c、k 分别代表样本的高度、宽度、RGB 通道和类别。

为了初始化整个网络，我们在每个网络阶段中用真实的标签代替 γ 进行 10000 预迭代。具体地，我们通过下式直接计算 $\mathcal{W}$ 和 $\mathcal{U}$ 并将其输入 M-net：

$$\mathcal{W}_{hwc} = \sum_{k=1}^{K} \frac{\gamma_{hwk}}{2\sigma_k^2}, \quad \mathcal{U}_{ijc} = \frac{\sum\limits_{k=1}^{K} \frac{\gamma_{hwk}\mu_k}{2\sigma_k^2}}{\mathcal{W}_{hwc}} \tag{B-16}$$

可以看出，在这个预训练阶段，E-net 和 M-net 是独立的过程。通过这种方式，我们使初始参数更接近最优解，并加快了后期网络的训练。

参 考 文 献

[1] GOLBABAEE M, VANDERGHEYNST P. Joint trace/TV norm minimization: a new efficient approach for spectral compressive imaging [C]. IEEE International Conference on Image Processing, 2012: 933-936.

[2] HSIEH J. Adaptive streak artifact reduction in computed tomography resulting from excessive X-ray photon noise[J]. Medical physics, 1998, 25(11): 2139-2147.

[3] XU J, TSUI B M. Electronic noise modeling in statistical iterative reconstruction[J]. IEEE transactions on image processing, 2009, 18(6): 1228-1238.

[4] FAUVEL M, TARABALKA Y, BENEDIKTSSON J A, et al. Advances in spectral-spatial classification of hyperspectral images[J]. Proceedings of the IEEE, 2013, 101(3): 652-675.

[5] TARABALKA Y, CHANUSSOT J, BENEDIKTSSON J A. Segmentation and classification of hyperspectral images using minimum spanning forest grown from automatically selected markers[J]. IEEE transactions on systems, man, and cybernetics, part B (cybernetics), 2010, 40(5): 1267-1279.

[6] UZAIR M, MAHMOOD A, MIAN A S. Hyperspectral face recognition using 3d-dct and partial least squares [C]. BMVC, 2013:10.

[7]   LI T, GAO Y, WANG K, et al. Diagnostic assessment of deep learning algorithms for diabetic retinopathy screening[J]. Information sciences, 2019, 501: 511-522.

[8]   YAU J W, ROGERS S L, KAWASAKI R, et al. Global prevalence and major risk factors of diabetic retinopathy[J]. Diabetes care, 2012, 35(3): 556-564.

[9]   PENG Y, MENG D, XU Z, et al. Decomposable nonlocal tensor dictionary learning for multispectral image denoising[C]. CVPR, 2014: 2949-2956.

[10]   MANOLAKIS D, SHAW G. Detection algorithms for hyperspectral imaging applications[J]. IEEE signal processing magazine, 2002, 19(1): 29-43.

[11]   BIOUCAS-DIAS J M, PLAZA A, DOBIGEON N, et al. Hyperspectral unmixing overview: geometrical, statistical, and sparse regression-based approaches[J]. IEEE journal of selected topics in applied earth observations and remote sensing, 2012, 5(2): 354-379.

[12]   KOLDA T G, BADER B W. Tensor decompositions and applications[J]. SIAM review, 2009, 51(3): 455-500.

[13]   TUCKER L R. Some mathematical notes on three-mode factor analysis[J]. Psychometrika, 1966, 31(3): 279-311.

[14]   LIU J, MUSIALSKI P, WONKA P, et al. Tensor completion for estimating missing values in visual data[J]. IEEE transactions on pattern analysis machine intelligence, 2013, 35(1): 208-220.

[15]   LIU J, MUSIALSKI P, WONKA P, et al. Tensor completion for existing missing values in visual data[C]. ICCV, 2009.

[16]   GOLDFARB D, QIN Z. Robust low-rank tensor recovery: models and algorithms[J]. SIAM journal on matrix analysis

and applications, 2014, 35(1): 225-253.

[17] ROMERA-PAREDES B, PONTIL M. A new convex relaxation for tensor completion[C]. NIPS, 2013.

[18] CAO W, WANG Y, YANG C, et al. Folded-concave penalization approaches to tensor completion[J]. Neurocomputing, 2015, 152: 261-273.

[19] ZHANG Z, ELY G, AERON S, et al. Novel methods for multilinear data completion and denoising based on tensor-svd[C]. CVPR, 2014.

[20] LU C, FENG J, CHEN Y, et al. Tensor robust principal component analysis: exact recovery of corrupted low-rank tensors via convex optimization[C]. CVPR, 2016: 5249-5257.

[21] BUADES A, COLL B, MOREL J M. A non-local algorithm for image denoising[C]. CVPR, 2005: 60-65.

[22] DABOV K, FOI A, KATKOVNIK V, et al. Image denoising by sparse 3d transform-domain collaborative filtering[J]. IEEE transactions on image processing, 2007, 16(8): 2080-2095.

[23] GU S, ZHANG L, ZUO W, et al. Weighted nuclear norm minimization with application to image denoising[C]. CVPR, 2014:2862-2869.

[24] XU J, ZHANG L, ZHANG D, et al. Multi-channel weighted nuclear norm minimization for real color image denoising[J]. arXiv preprint arXiv:1705.09912. 2017.

[25] DABOV K, FOI A, KATKOVNIK V, et al. Color image denoising via sparse 3d collaborative filtering with grouping constraint in luminance-chrominance space[C]. IEEE International Conference on Image Processing, 2007: I-313.

[26] LU H, HSIAO T, LI X, et al. Noise properties of low-dose ct projections and noise treatment by scale transformations[C]. Nuclear Science Symposium Conference Record, 2001 IEEE: volume 3: IEEE, 2001: 1662-1666.

[27] WANG J, LI T, LU H, et al. Penalized weighted least-squares approach to sinogram noise reduction and image reconstruction for low-dose X-ray computed tomography[J]. IEEE transactions on medical imaging, 2006, 25(10): 1272-1283.

[28] FORTHMANN P, KOEHLER T, DEFRISE M, et al. Comparing implementations of penalized weighted least-squares sinogram restoration[J]. Medical physics, 2010, 37(11): 5929-5938.

[29] WANG J, LIANG Z, LU H. Multiscale penalized weighted least-squares sinogram restoration for low-dose X-ray computed tomography[J]. IEEE transactions on bio-medical engineering, 2008, 55(3): 1022-1031.

[30] RIVIÈRE P J L. Penalized-likelihood sinogram smoothing for low-dose CT[J]. Medical physics, 2005, 32(6): 1676-1683.

[31] LA RIVIÈRE P J, BIAN J, VARGAS P A. Penalized-likelihood sinogram restoration for computed tomography[J]. IEEE transactions on medical imaging, 2006, 25(8): 1022-1036.

[32] FORTHMANN P, KÖHLER T, BEGEMANN P G, et al. Penalized maximum-likelihood sinogram restoration for dual focal spot computed tomography[J]. Physics in medicine & biology, 2007, 52(15): 4513-4523.

[33] MICHEL S, LEFEVRE-FONOLLOSA M J, HOSFORD S. Hypxim-a hyperspectral satellite defined for science, security and defence users[J]. PAN, 2011, 800: 400.

[34] YOKOYA N, GROHNFELDT C, CHANUSSOT J. Hyperspectral and multispectral data fusion: a comparative review of the recent literature[J]. IEEE geoscience and remote sensing magazine, 2017, 5(2): 29-56.

[35] PALSSON F, SVEINSSON J R, ULFARSSON M O. A new pansharpening algorithm based on total variation[J]. IEEE geoscience and remote sensing letters, 2014, 11(1): 318-322.

[36] ZHAO Y, YANG J, ZHANG Q, et al. Hyperspectral imagery super-resolution by sparse representation and spectral regularization[J]. EURASIP journal on advances in signal processing, 2011, (1): 87.

[37] AKHTAR N, SHAFAIT F, MIAN A. Sparse spatio-spectral representation for hyperspectral image super-resolution[C]. European Conference on Computer Vision: Springer, 2014: 63-78.

[38] GROHNFELDT C, ZHU X, BAMLER R. Jointly sparse fusion of hyperspectral and multispectral imagery[C]. IGARSS, 2013: 4090-4093.

[39] YOKOYA N, YAIRI T, IWASAKI A. Coupled nonnegative matrix factorization (CNMF) for hyperspectral and multispectral data fusion: application to pasture classification[C]. IGARSS, 2001: 1779-1782.

[40] ZHANG Y, WANG Y, LIU Y, et al. Hyperspectral and multispectral image fusion using CNMF with minimum

endmember simplex volume and abundance sparsity constraints[C]. IGARSS, 2015: 1929-1932.

[41] NEZHAD Z H, KARAMI A, HEYLEN R, et al. Fusion of hyperspectral and multispectral images using spectral unmixing and sparse coding[J]. IEEE journal of selected topics in applied earth observations and remote sensing, 2016, 9(6): 2377-2389.

[42] GULSHAN V, PENG L, CORAM M, et al. Development and validation of a deep learning algorithm for detection of diabetic retinopathy in retinal fundus photographs[J]. Jama, 2016, 316(22): 2402-2410.

[43] TING D S W, CHEUNG C Y L, LIM G, et al. Development and validation of a deep learning system for diabetic retinopathy and related eye diseases using retinal images from multiethnic populations with diabetes[J]. Jama, 2017, 318(22): 2211-2223.

[44] GARGEYA R, LENG T. Automated identification of diabetic retinopathy using deep learning[J]. Ophthalmology, 2017, 124(7): 962-969.

[45] MO J, ZHANG L, FENG Y. Exudate-based diabetic macular edema recognition in retinal images using cascaded deep residual networks[J]. Neurocomputing, 2018, 290: 161-171.

[46] PRENTAŠIĆ P, LONČARIĆ S. Detection of exudates in fundus photographs using deep neural networks and anatomical landmark detection fusion[J]. Computer methods and programs in biomedicine, 2016, 137: 281-292.

[47] GUO S, WANG K, KANG H, et al. Bin loss for hard exudates segmentation in fundus images[J]. Neurocomputing,

2019.

[48] GU Z, CHENG J, FU H, et al. Ce-net: context encoder network for 2d medical image segmentation[J]. IEEE transactions on medical imaging, 2019, 38(10): 2281-2292.

[49] MITSUHARA M, FUKUI H, SAKASHITA Y, et al. Embedding human knowledge in deep neural network via attention map[J]. arXiv preprint arXiv:1905.03540. 2019.

[50] GUO S, LI T, KANG H, et al. L-seg: an end-to-end unified framework for multi-lesion segmentation of fundus images[J]. Neurocomputing, 2019, 349: 52-63.

[51] HUANG F, ANANDKUMAR A. Convolutional dictionary learning through tensor factorization[J]. Computer science, 2015: 1-30.

[52] MCLACHLAN G J, BASFORD K E. Mixture models: inference and applications to clustering: volume 84 [M]. New York: Marcel Dekker, 1988.

[53] WANG R, CHEN B, MENG D, et al. Weakly supervised lesion detection from fundus images[J]. IEEE transactions on medical imaging, 2018, (99): 1.

[54] CANDES E J, WAKIN M B, BOYD S P. Enhancing sparsity by reweighted l_1 minimization[J]. Journal of fourier analysis and applications, 2008, 14(5): 877-905.

[55] TAHERI O, VOROBYOV S, et al. Sparse channel estimation with l p-norm and reweighted l 1-norm penalized least mean squares[C]. ICASSP, 2011.

[56] LU C, ZHU C, XU C, et al. Generalized singular value thresholding[C]. AAAI, 2015.

[57] BOYD S, PARIKH N, CHU E. Distributed optimization and statistical learning via the alternating direction method

of multipliers[M]. Boston: Now Publishers Inc, 2011.

[58] LIN Z, LIU R, SU Z. Linearized alternating direction method with adaptive penalty for low-rank representation[J]. Advances in neural information processing systems, 2011, 612-620.

[59] GONG P, ZHANG C, LU Z, et al. A general iterative shrinkage and thresholding algorithm for non-convex regularized optimization problems[C]. ICML, 2013.

[60] LI N, LI B. Tensor completion for on-board compression of hyperspectral images[C]. ICIP, 2010: 517-520.

[61] PATWARDHAN K A, SAPIRO G, BERTALMÍO M. Video inpainting under constrained camera motion[J]. IEEE transactions on image processing, 2007, 16(2): 545-553.

[62] ZHANG H, HE W, ZHANG L, et al. Hyperspectral image restoration using low-rank matrix recovery[J]. IEEE transactions on geoscience & remote sensing, 2014, 52(8): 4729-4743.

[63] TIBSHIRANI R. Regression shrinkage and selection via the lasso: a retrospective[J]. Journal of the royal statistical society, 2011, 73(3): 273-282.

[64] KAWAKAMI R, WRIGHT J, TAI Y W, et al. High-resolution hyperspectral imaging via matrix factorization[C]. CVPR, 2011.

[65] CHEN A A. The inpainting of hyperspectral images: a survey and adaptation to hyperspectral data[C]. SPIE, 2012.

[66] ZHAO X, WANG F, HUANG T, et al. Deblurring and sparse unmixing for hyperspectral images[J]. IEEE transactions on geoscience and remote sensing, 2013, 51(7): 4045-

4058.

[67] AHARON M. K-SVD: an algorithm for designing over-complete dictionaries for sparse representation[J]. IEEE transactions on signal processing, 2006, 54(11): 4311-4322.

[68] DABOV K, FOI A, KATKOVNIK V, et al. Image denoising by sparse 3d transform-domain collaborative filtering[J]. IEEE transactions on image processing, 2007, 16(8): 2080-2095.

[69] ELAD M, AHARON M. Image denoising via sparse and redundant representations over learned dictionaries[J]. IEEE transactions on image processing, 2006, 15(12): 3736-3745.

[70] MANJÓN J V, COUPÉ P, MARTÍ-BONMATÍ L, et al. Adaptive non-local means denoising of mr images with spatially varying noise levels[J]. Journal of magnetic resonance imaging, 2010, 31(1): 192-203.

[71] MAGGIONI M, FOI A. Nonlocal transform-domain denoising of volumetric data with groupwise adaptive variance estimation[C]. SPIE, 2012.

[72] MAGGIONI M, KATKOVNIK V, EGIAZARIAN K, et al. A nonlocal transform-domain filter for volumetric data denoising and reconstruction[J]. IEEE transactions on image processing, 2012, 22(1): 119 - 133.

[73] RENARD S B, BLANC-TALON J. Denoising and dimensionality reduction using multilinear tools for hyperspectral images[J]. IEEE transactions on geoscience and remote sensing, 2008, 5(2): 138-142.

[74] LIU X, BOURENNANE S, FOSSATI C. Denoising of hyperspectral images using the parafac model and statistical performance analysis[J]. IEEE transactions on geoscience

and remote sensing, 2012, 50(10): 3717-3724.

[75] WANG Z, BOVIK A C, SHEIKH H R, et al. Image quality assessment: from error visibility to structural similarity[J]. IEEE transactions on image processing, 2004, 13(4): 600-612.

[76] ZHANG L, ZHANG L, MOU X, et al. Fsim: a feature similarity index for image quality assessment[J]. IEEE transactions on image processing, 2011, 20(8): 2378-2386.

[77] WALD L. Data Fusion. Definitions and architectures: fusion of images of different spatial resolutions [M]. Paris: Presses des l' Ecole MINES, 2002.

[78] YASUMA F, MITSUNAGA T, ISO D, et al. Generalized assorted pixel camera: postcapture control of resolution, dynamic range, and spectrum[J]. IEEE transactions on image processing, 2010, 19(9): 2241-2253.

[79] DONOHO D L. Denoising by soft-thresholding[J]. IEEE transactions on information theory, 1995, 41(3): 613-627.

[80] LIN Z, CHEN M, MA Y. The augmented lagrange multiplier method for exact recovery of corrupted low-rank matrices[J]. Eprint arXiv. 2010: 9.

[81] XU Y, HAO R, YIN W, et al. Parallel matrix factorization for low-rank tensor completion[J]. Inverse problems & imaging, 2013, 9(2).

[82] GANDY S, RECHT B, YAMADA I. Tensor completion and low-n-rank tensor recovery via convex optimization[J]. Inverse problems, 2011, 27(2).

[83] LI L, HUANG W, GU I Y H, et al. Statistical modeling of complex backgrounds for foreground object detection[J]. IEEE transactions on image processing, 2004, 13(11): 1459-

1472.

[84] CAO W, WANG Y, SUN J, et al. A novel tensor robust pca approach for background subtraction from compressive measurements[J]. arXiv preprint arXiv:1503.01868. 2015.

[85] JI H, LIU C, SHEN Z, et al. Robust video denoising using low rank matrix completion[C]. CVPR, 2010: 1791-1798.

[86] CHATTERJEE P, MILANFAR P. Clustering-based denoising with locally learned dictionaries[J]. IEEE transactions on image processing, 2009, 18(7): 1438-1451.

[87] YU G, SAPIRO G, MALLAT S. Solving inverse problems with piecewise linear estimators: from Gaussian mixture models to structured sparsity[J]. IEEE transactions on image processing, 2012, 21(5): 2481-2499.

[88] MAIRAL J, BACH F, PONCE J, et al. Non-local sparse models for image restoration[C]. ICCV, 2009: 2272-2279.

[89] DONG W, ZHANG L, SHI G, et al. Nonlocally centralized sparse representation for image restoration[J]. IEEE transactions on image processing, 2013, 22(4): 1620-1630.

[90] CAO X, CHEN Y, ZHAO Q, et al. Low-rank matrix factorization under general mixture noise distributions[C]. Proceedings of the IEEE International Conference on Computer Vision, 2015: 1493-1501.

[91] YONG H, MENG D, ZUO W, et al. Robust online matrix factorization for dynamic background subtraction[J]. IEEE transactions on pattern analysis and machine intelligence, 2017.

[92] DEMPSTER A P, LAIRD N M, RUBIN D B. Maximum likelihood from incomplete data via the em algorithm[J]. Journal of the royal statistical society, series B (method-

ological). 1977: 1-38.

[93] KRISHNAN D, FERGUS R. Fast image deconvolution using hyper-laplacian priors[C]. International Conference on Neural Information Processing Systems, 2009: 1033-1041.

[94] CHEN F, ZHANG L, YU H. External patch prior guided internal clustering for image denoising[C]. Proceedings of the IEEE International Conference on Computer Vision, 2015: 603-611.

[95] ZORAN D, WEISS Y. From learning models of natural image patches to whole image restoration[C]. 2011 IEEE International Conference on Computer Vision (ICCV). IEEE, 2011: 479-486.

[96] WANG Z, SIMONCELLI E P, BOVIK A C. Multiscale structural similarity for image quality assessment[C]. Conference on Signals, Systems and Computers, 2004. Conference Record of The Thirty-Seventh Asilomar. IEEE, 2003(2): 1398-1402.

[97] LEBRUN M, COLOM M, MOREL J M. The noise clinic: a blind image denoising algorithm[J]. Image processing on line, 2015, 5: 1-54.

[98] NAM S, HWANG Y, MATSUSHITA Y, et al. A holistic approach to cross-channel image noise modeling and its application to image denoising[C]. Proceedings of the IEEE Conference on Computer Vision and Pattern Recognition, 2016: 1683-1691.

[99] CHEN G, ZHU F, ANN HENG P. An efficient statistical method for image noise level estimation[C]. Proceedings of the IEEE International Conference on Computer Vision,

2015: 477-485.

[100] HSIEH J. Computed tomography: principles, design, artifacts, and recent advances[C]. SPIE Bellingham, WA: SPIE Bellingham, WA, 2009.

[101] LA RIVIÈRE P. Reduction of noise-induced streak artifacts in X-ray CT through penalized-likelihood sinogram smoothing[C]. Conference(Rec). IEEE NSS-MIC, 2003.

[102] MA J, LIANG Z, FAN Y, et al. Variance analysis of X-ray CT sinograms in the presence of electronic noise background[J]. Medical physics, 2012, 39(7): 4051-4065.

[103] LITTLE K J, RIVIÈRE P J L. Sinogram restoration in computed tomography with a non-quadratic, edge-preserving penalty [C]. 2011 IEEE Nuclear Science Symposium Conference Record. IEEE, 2012: 2534-2536.

[104] FORTHMANN P, RIVIÈRE P J L. Comparison of three sinogram restoration methods[J]. Proceedings of SPIE - the international society for optical engineering, 2006: 6142.

[105] LA RIVIERE P J. Penalized-likelihood sinogram smoothing for low-dose CT[J]. Medical physics, 2005, 32(6): 1676-1683.

[106] CUI X, GUI Z, ZHANG Q, et al. The statistical sinogram smoothing via adaptive-weighted total variation regularization for low-dose X-ray CT[J]. Optik - international journal for light and electron optics, 2014, 125(18): 5352-5356.

[107] RUDIN L I, OSHER S, FATEMI E. Nonlinear total variation based noise removal algorithms[J]. Physica D: nonlinear phenomena, 1992, 60(1-4): 259-268.

[108] CHAMBOLLE A, LIONS P L. Image recovery via total variation minimization and related problems[J]. Nu-

merische mathematik, 1997, 76(2): 167-188.

[109] WANG Y, YANG J, YIN W, et al. A new alternating minimization algorithm for total variation image reconstruction[J]. SIAM journal on imaging sciences, 2008, 1(3): 248-272.

[110] LIU Y, MA J, FAN Y, et al. Adaptive-weighted total variation minimization for sparse data toward low-dose X-ray computed tomography image reconstruction[J]. Physics in medicine & biology, 2012, 57(23): 7923-7956.

[111] PENFOLD S N, SCHULTE R W, CENSOR Y, et al. Total variation superiorization schemes in proton computed tomography image reconstruction[J]. Medical physics, 2010, 37(11): 5887-5895.

[112] FESSLER J A. Statistical image reconstruction methods for transmission tomography[J]. Handbook of medical imaging, 2000, 2: 1-70.

[113] WHITING B R, MASSOUMZADEH P, EARL O A, et al. Properties of preprocessed sinogram data in X-ray computed tomography[J]. Medical physics, 2006, 33(9): 3290-3303.

[114] MINEO A M, RUGGIERI M. A software tool for the exponential power distribution: the normalp package[J]. Journal of statistical software, 2005, 12(4): 1-24.

[115] XU Z, CHANG X, XU F, et al. $l_{1/2}$ regularization: a thresholding representation theory and a fast solver[J]. IEEE transactions on neural networks & learning systems, 2012, 23(7): 1013.

[116] BECK A, TEBOULLE M. A fast iterative shrinkage-thresholding algorithm for linear inverse problems[J]. SIAM

journal on imaging sciences, 2009, 2(1): 183-202.

[117] LIN Z, CHEN M, MA Y. The augmented lagrange multiplier method for exact recovery of corrupted low-rank matrices[J]. arXiv preprint arXiv:1009.5055. 2010.

[118] SIDKY E Y, PAN X. Image reconstruction in circular cone-beam computed tomography by constrained, total-variation minimization[J]. Physics in medicine & biology, 2008, 53(17): 4777-4807.

[119] GAO Y, BIAN Z, HUANG J, et al. Low-dose X-ray computed tomography image reconstruction with a combined low-mas and sparse-view protocol[J]. Optics express, 2014, 22(12): 15190-15210.

[120] SEGARS W P, STURGEON G, MENDONCA S, et al. 4d xcat phantom for multimodality imaging research[J]. Medical physics, 2010, 37(9): 4902.

[121] DONG Z, HUANG J, BIAN Z, et al. A simple low-dose X-ray CT simulation from high-dose scan[J]. IEEE transactions on nuclear science, 2015, 62(5): 2226.

[122] LIU Y, LIANG Z, MA J, et al. Total variation-stokes strategy for sparse-view X-ray CT image reconstruction[J]. IEEE transactions on medical imaging, 2014, 33(3): 749-763.

[123] WU O, L O, WEISSKOFF R M, et al. Tracer arrival timing-insensitive technique for estimating flow in mr perfusion-weighted imaging using singular value decomposition with a block-circulant deconvolution matrix[J]. Magnetic resonance in medicine, 2003, 50(1): 164-174.

[124] HARDIE R C, EISMANN M T, WILSON G L. Map estimation for hyperspectral image resolution enhancement

using an auxiliary sensor[J]. IEEE transactions on image processing, 2004, 13(9): 1174-1184.

[125] MOLINA R, KATSAGGELOS A K, MATEOS J. Bayesian and regularization methods for hyperparameter estimation in image restoration[J]. IEEE transactions on image processing, 1999, 8(2): 231-246.

[126] MOLINA R, VEGA M, MATEOS J, et al. Variational posterior distribution approximation in Bayesian super resolution reconstruction of multispectral images[J]. Applied and computational harmonic analysis, 2008, 24(2): 251-267.

[127] WEI Q, BIOUCAS-DIAS J, DOBIGEON N, et al. Blind model-based fusion of multi-band and panchromatic images[C]. IEEE International Conference on Multisensor Fusion and Integration for Intelligent Systems (MFI), 2016: 21-25.

[128] GOMEZ R B, JAZAERI A, KAFATOS M. Wavelet-based hyperspectral and multispectral image fusion[C]. International Society for Optics and Photonics. Geo-Spatial Image and Data Exploitation II: volume 4383: International Society for Optics and Photonics, 2001: 36-43.

[129] ZHANG Y, DE BACKER S, SCHEUNDERS P. Noise-resistant wavelet-based Bayesian fusion of multispectral and hyperspectral images[J]. IEEE transactions on geoscience and remote sensing, 2009, 47(11): 3834-3843.

[130] SZEGEDY C, LIU W, JIA Y, et al. Going deeper with convolutions[C]. Proceedings of the IEEE Conference on Computer Vision and Pattern Recognition, 2015: 1-9.

[131] PALSSON F, SVEINSSON J R, ULFARSSON M O. Mul-

tispectral and hyperspectral image fusion using a 3D-convolutional neural network[J]. IEEE geoscience and remote sensing letters, 2017, 14(5): 639-643.

[132] SCARPA G, VITALE S, COZZOLINO D. Target-adaptive cnn-based pansharpening[J]. IEEE transactions on geoscience and remote sensing, 2018, (99): 1-15.

[133] DONG C, LOY C C, HE K, et al. Image super-resolution using deep convolutional networks[J]. IEEE transactions on pattern analysis and machine intelligence, 2016, 38(2): 295-307.

[134] BECK A, TEBOULLE M. A fast iterative shrinkage-thresholding algorithm for linear inverse problems[J]. SIAM journal on imaging sciences, 2009, 2(1): 183-202.

[135] YANG D, SUN J. Proximal dehaze-net: a prior learning-based deep network for single image dehazing[C]. ECCV, 2018: 702-717.

[136] ZHANG J, PAN J, LAI W S, et al. Learning fully convolutional networks for iterative non-blind deconvolution [C]. IEEE Conference on Computer Vision and Pattern Recognition. IEEE, 2017: 737.

[137] YANG Y, SUN J, LI H, et al. Admm-net: a deep learning approach for compressive sensing mri[J]. arXiv preprint arXiv:1705.06869. 2017.

[138] DUMOULIN V, VISIN F. A guide to convolution arithmetic for deep learning[J]. arXiv preprint arXiv:1603.07285. 2016.

[139] HE K, ZHANG X, REN S, et al. Deep residual learning for image recognition[C]. Proceedings of the IEEE Conference on Computer Vision and Pattern Recognition, 2016: 770-

778.

[140] ZENG Y, HUANG W, LIU M, et al. Fusion of satellite images in urban area: assessing the quality of resulting images[C]. Geoinformatics, 2010 18th International Conference on: IEEE, 2010: 1-4.

[141] YUHAS R H, BOARDMAN J W, GOETZ A F. Determination of semi-arid landscape endmembers and seasonal trends using convex geometry spectral unmixing techniques[C]. Summaries of the 4th Annual JPL Airborne Geoscience Workshop. Volume 1, 1993.

[142] WEI Q, DOBIGEON N, TOURNERET J Y. Fast fusion of multi-band images based on solving a sylvester equation[J]. IEEE transactions on image processing, 2015, 24(11): 4109-4121.

[143] LANARAS C, BALTSAVIAS E, SCHINDLER K. Hyperspectral super-resolution by coupled spectral unmixing[C]. ICCV, 2015: 3586-3594.

[144] SELVA M, AIAZZI B, BUTERA F, et al. Hypersharpening: a first approach on sim-ga data[J]. IEEE journal of selected topics in applied earth observations and remote sensing, 2015, 8(6): 3008-3024.

[145] LIU J. Smoothing filter-based intensity modulation: a spectral preserve image fusion technique for improving spatial details[J]. International journal of remote sensing, 2000, 21(18): 3461-3472.

[146] AIAZZI B, BARONTI S, SELVA M. Improving component substitution pansharpening through multivariate regression of ms + pan data[J]. IEEE transactions on geoscience and

remote sensing, 2007, 45(10): 3230-3239.

[147] JIANG J, LIU D, GU J, et al. What is the space of spectral sensitivity functions for digital color cameras?[C]. IEEE Workshop on Applications of Computer Vision (WACV), 2013: 168-179.

[148] DEBES C, MERENTITIS A, HEREMANS R, et al. Hyperspectral and lidar data fusion: outcome of the 2013 grss data fusion contest[J]. IEEE journal of selected topics in applied earth observations & remote sensing, 2014, 7(6): 2405-2418.

[149] TING D S W, CHEUNG G C M, WONG T Y. Diabetic retinopathy: global prevalence, major risk factors, screening practices and public health challenges: a review[J]. Clinical & experimental ophthalmology, 2016, 44(4): 260-277.

[150] MENG D, TORRE F. Robust matrix factorization with unknown noise[C]. ICCV, 2013: 1337-1344.

[151] ZEILER M D, KRISHNAN D, TAYLOR G W, et al. Deconvolutional networks[C]. 2010 IEEE Computer Society Conference on Computer Vision and Pattern Recognition, 2010: 2528-2535.

[152] HAND D J. Mixture models: inference and applications to clustering[J]. Journal of the royal statistical society: series C (applied statistics), 2018, 38(2): 384-385.

[153] SUN J, LI H, XU Z, et al. Deep admm-net for compressive sensing mri[C]. Advances in neural information processing systems, 2016: 10-18.

[154] ZHANG J, PAN J, LAI W S, et al. Learning fully convolutional networks for iterative non-blind deconvolution[C].

Proceedings of the IEEE Conference on Computer Vision and Pattern Recognition, 2017: 3817-3825.

[155] XIE Q, ZHOU M, ZHAO Q, et al. Multispectral and hyperspectral image fusion by Ms/Hs fusion net[C]. CVPR, 2019: 1585-1594.

[156] RONNEBERGER O, FISCHER P, BROX T. U-net: convolutional networks for biomedical image segmentation[C]. International Conference on Medical Image Computing and Computer-Assisted Intervention: Springer, 2015: 234-241.

[157] CHEN L C, ZHU Y, PAPANDREOU G, et al. Encoder-decoder with atrous separable convolution for semantic image segmentation[C]. ECCV, 2018: 801-818.

[158] PORWAL P, PACHADE S, KAMBLE R, et al. Indian diabetic retinopathy image dataset (idrid): a database for diabetic retinopathy screening research[J]. Data, 2018, 3(3): 25.

[159] PORWAL P, PACHADE S, KOKARE M, et al. Idrid: diabetic retinopathy-segmentation and grading challenge[J]. Medical image analysis, 2020, 59: 101561.

[160] MIRSKY L. A trace inequality of John von Neumann[J]. Monatshefte für mathematik, 1975, 79(4): 303-306.

[161] BOYD, VANDENBERGHE, FAYBUSOVICH. Convex optimization[J]. IEEE transactions on automatic control, 2006, 51(11): 1859.

攻读博士学位期间的科研成果

[1] XIE Q, ZHAO Q, MENG D Y, et al. Kronecker-basis-representation based tensor sparsity and its applications to tensor recovery[J]. IEEE transactions on pattern analysis and machine intelligence (TPAMI), 2018, 40(8): 1888-1902.

[2] XIE Q, ZHOU M H, ZHAO Q, et al. MHF-net: an interpretable deep network for multispectral and hyperspectral image fusion[J]. IEEE transactions on pattern analysis and machine intelligence (TPAMI), 2020, 44(3): 1457-1473.

[3] XIE Q, ZENG D, ZHAO Q, et al. Robust low-dose CT sinogram preprocessing via exploiting noise-generating mechanism[J]. IEEE transactions on medical imaging (TMI), 2017, 36(12): 2487-2498.

[4] XIE Q, ZHAO Q, MENG D Y, et al. Multispectral images denoising by intrinsic tensor sparsity regularization[C]. CVPR, 2016: 1692-1700.

[5] XIE Q, ZHOU M H, ZHAO Q, et al. Multispectral and hyperspectral image fusion by Ms/Hs fusion net[C]. CVPR, 2019: 1585-1594.

[6] XIE Q, ZHAO Q, XU Z B, et al. Color and direction-invariant nonlocal self-similarity prior and its application to color image denoising[J]. SCIENCE CHINA-information sciences, 2020, 63(12): 1-17.

[7] GU S, XIE Q, MENG D Y, et al. Weighted nuclear norm

minimization and its applications to low level vision[J]. International journal of computer vision (IJCV), 2017, 121(2): 183-208.

[8] ZENG D, XIE Q, CAO W F, et al. Low-dose dynamic cerebral perfusion computed tomography reconstruction via kronecker-basis-representation tensor sparsity regularization[J]. IEEE transactions on medical imaging (TMI), 2017, 36(12): 2546-2556.

[9] 谢琦, 孟德宇, 马建华, 等. 一种低剂量 X 射线 CT 图像重建方法 [P]. CN106780641A,2017-05-31.

[10] WANG H, XIE Q, ZHAO Q, et al. An interpretable network for single image deraining[C]. Proceedings of the CVPR, 2020.

[11] SHU J, XIE Q, YI L X, et al. Meta-weight-net: Learning an explicit mapping for sample weighting[C]. NeurIPS, 2019: 1917-1928.

[12] LI M H, XIE Q, ZHAO Q, et al. Video rain streak removal by multiscale convolutional sparse coding[C]. CVPR, 2018: 6644-6653.

[13] ZENG D, XIE Q, BIAN Z Y, et al. Noise suppression for cerebral perfusion ct via intrinsic tensor sparsity regularization: Initial study[C]. 2016 IEEE nuclear science symposium, Medical imaging conference and room-temperature semiconductor detector workshop (Nss/Mic/Rtsd): IEEE: 1-4.

[14] WANG H, XIE Q, WU Y C, et al. Single image rain streaks removal: a review and an exploration[J]. International journal of machine learning and cybernetics. 2020, 1-20.

[15] GU S H, ZUO W M, XIE Q, et al. Convolutional sparse coding for image super-resolution[C]. ICCV, 2015: 1823-

1831.

[16] MA F, MENG D Y, XIE Q, et al. Self-paced co-training[C]. Proceedings of the 34th International conference on machine learning, ICML, 2017: 2275-2284.

[17] WEI W, YI L X, XIE Q, et al. Should we encode rain streaks in video as deterministic or stochastic?[C]. ICCV, 2017: 2516-2525.

[18] ZHAO Q, MENG D Y, KONG X, et al. A novel sparsity measure for tensor recovery[C]. ICCV, 2015: 271-279.

[19] ZHAO Q, MENG D Y, JIANG L, et al. Self-paced learning for matrix factorization[C]. Twenty-ninth AAAI conference on artificial intelligence, 2015.

致　　谢

在窗外夏虫哼鸣的陪伴下，我在那些深夜里伏案敲字，数周的时间终于完成了 120 多页的论文写作。

此时，我意识到了我为数不多的能正式对那些帮助过我的人致以感谢的时刻。可当我思考致谢的内容时，才发现他们对我的帮助远不止某个具体的事物，亦不是可以量化的利益。因为这是一个持续六年以上的故事，他们对我的影响如此深远，在充满繁杂公式与生僻知识的漫长时间里早已不能清晰地回溯，却清晰地改变我、重塑我，伴随我的一生。我的感受也许混沌而普通，和大多数博士生大同小异，但对我个人来说却意义非凡。

首先要感谢我的导师徐宗本院士。我的科研故事开始于大四那年导师的那场关于机器学习的报告，即便是 22 岁年少轻狂的我，也被导师的风采和观点深深折服，因而踏入了他为我开启的大门。往后的六年，导师更是用他以身作则的努力和孜孜不倦的教诲影响着我，甚至在他走南闯北的旅途中偶尔带上我，给我开拓眼界的机会。导师对我的最大影响难以言表，当他把眼光放得长远，当他谈起男子汉的责任，当他很自然地把集体甚至整个社会的利益作为目标时，我从未在别人身上如此清楚地看到这种特质与精神，导师永远是我学习的榜样。同时，感谢师母陈白丽老师。如果说导师对我影响更多的是精神上的，那么师母的帮助则是更加贴近生活的，让不擅人际关系的我在异乡求学中感受到了温暖。

感谢师兄孟德宇教授。孟师兄是我的科研之路的坚实后盾。孟师兄在学习上为我提供了无私而细致的指导，在我生活最艰苦的时候给予我鼓励与支持。在六年的共同奋斗过程中，比具体的指导更重要的是孟师兄作为榜样对我的影响。

感谢师兄赵谦老师。师兄既是良师，也是益友。师兄在我博士刚入门阶段，教给我很多具体的知识与技术，它们是本文工作的基石。同时，师兄的生活态度和学术品位也是我要学习的，它们增加了我对科研之路的向往。

感谢我的父母，他们多年来一直默默地支持和关心着我，给了我自由发挥的空间。尤其要感谢我的父亲，他甚至"替我"去阅读古今大家思想，以便缓解我"读书不够"的问题。感谢我的女友宋江玲，本文最重要的一部分工作是在她波士顿的小阁楼里完成的，在异国生活中，是她照顾我，给我力量。她是阻止我燃烧过度的安全阀，是我人生中弥足珍贵的一部分，是我美好的归宿。

最后，我要感谢十年舍友杨鹤然，以及那些对我影响深远的大学与高中同学。

这些感受在被我投影成文字的过程中不可避免地出现信息丢失，只能将千般思绪汇成一句话：谨将此论文献给所有关心、帮助和陪伴过我的人。

丛 书 跋

2006 年，中国计算机学会设立了 CCF 优秀博士学位论文奖（简称 CCF 优博奖），授予在计算机科学与技术及其相关领域的基础理论或应用研究方面有重要突破，或者在关键技术和应用技术方面有重要创新的我国计算机领域博士学位论文的作者。微软亚洲研究院自 CCF 优博奖创立之初就大力支持此项活动，至今已有十余年。双方始终保持着良好的合作关系，共同增强 CCF 优博奖的影响力。自设立开始，CCF 优博奖激励了一批又一批优秀的年轻学者，帮他们赢得了同行认可，也为他们提供了发展支持。

为了更好地展示我国计算机学科博士生教育取得的成效，推广博士生科研成果，加强高端学术交流，CCF 委托机械工业出版社以 "CCF 优博丛书" 的形式，全文出版荣获 CCF 优博奖的博士学位论文。微软亚洲研究院再一次给予了大力支持，在此我谨代表 CCF 对微软亚洲研究院表示由衷的感谢。希望在双方的共同努力下，"CCF 优博丛书" 可以激励更多的年轻学者做出优秀的研究成果，推动我国计算机领域的科技进步。

唐卫清

中国计算机学会秘书长

2022 年 9 月